禁断の進化史

人類は本当に「賢い」のか

更科 功 Sarashina Isao

NHK出版新書
689

はじめに

ガラス瓶に培養液が満たされ、そのなかに脳が浮かんでいる。脳にはいくつかのチューブがつながり、培養液のなかを、酸素を供給する泡がユラユラと昇っていく。

脳には、何の感覚器官もつながっていない。だから、ガラス瓶の外を見ることも、脳を浸している培養液の温かさを感じることもできない。

こういう脳は、どういう世界を生きているのだろう。意識だけがある、真っ暗な世界だろうか。いや、視覚がないのだから、真っ暗と感じることもないだろう。しかし、ひょっとしたら反対に、とてもカラフルな明るい世界を生きている可能性もある。

何となれば、そもそも私たちが感じている世界は、すべて幻想だからだ。あなたが小高い丘の上に座って、青い空を見ながら涼しい風に吹かれていると思っていても、実際にはそんなものはない。私たちが住んでいるこの世界に、本当は青い色なんてないし、涼しいと感じる温度もない。あるのは、ただの電磁波と、分子の運動だ。ある波長の電磁波を青い色と感じ、ある分子の運動レベルを涼しいと感じるのは、あなたの脳がつくり出した幻覚にすぎない。

もっとも、ただの幻覚だから、実際にはベッドのうえで寝ていても、小高い丘のうえにいる気分になれる。たとえば夢がそうだ。外から脳に情報が入ってこなくても、私たちはリアルな世界をつくり出して、そこで生きることができるのだ。

だから、もしかしたらガラス瓶のなかで培養されている脳は、まさに人間の一生を体験しているところかもしれない。子供のころは優しい両親に育てられ、友達や恋人と笑ったり泣いたりしながら成長して、そのうちに子供ができて自分が親になる。そして高齢になった今は仕事から引退して、悠々自適な生活を送っている。そんな一生を、ガラス瓶のなかの脳が送っているかもしれないのだ。でも、当の本人である脳自身は、まさか本当はガラス瓶のなかに閉じ込められているとは、夢にも思わないだろう。

これは、ただのおとぎ話ではない。培養された脳が意識を持つかどうかは、すでに深刻な問題になっている。なぜなら、近年、脳オルガノイドが作製されているからだ。

脳オルガノイドは、人工的につくられた脳に似た組織である。どんな細胞にでも分化できる多能性幹細胞（たとえばｉＰＳ細胞）を使って、実験室でつくられたものだ。現在の脳オルガノイドは未熟な脳みたいなものだが、将来的には完全なヒトの脳にきわめて近いものがつくられるかもしれない。

　脳オルガノイドは、脳の病気に関する実験などで使われており、とても有効な研究手法となっている。しかし、脳オルガノイドから、ヒトの脳波のような電気活動が測定されたことから、脳オルガノイドが意識を持つ可能性が懸念されるようになった。おそらく現在の脳オルガノイドに意識はないだろう。しかし、この先、意識を持つ可能性は十分にある。このような問題に対処するためには、意識や脳について理解することが必要だ。

　とはいえ脳も、最初から意識を生みだすために進化したわけではない。脳のもっとも重要な仕事は、体のさまざまなシステムをコントロールしたり、エネルギーを配分したりすることだ。今の私たちの脳のもっとも基本的な仕事も、心臓の拍動や呼吸などを調節することである。

　しかし、いくつかの動物では、脳が大きくなるにつれて、知性と呼ばれるものが生み出された。とくに哺乳類のサルのなかまではその傾向が強く、私たち人類はその典型となっている。なぜ、私たちの脳はこんなに大きくなったのだろうか。そして、なぜ高度な知性や意識を持つようになったのだろうか。そんなことを考えながら、人類の知性と意識について考察してみたのが本書である。

ところが、ふと身の周りを眺《なが》めてみると、不思議な気分になってくる。私は今、部屋のなかにいて、さまざまな物が近くにある。パソコン、ペン、消しゴム、本、本棚、机、電灯などだ。それらのなかで、自分でつくれるものを探してみた。私はヒトであり、現在の地球上で最高の知性を持つと言われている種の１匹である。この最高の知性をもってすれば、いろいろな物をつくれるに違いない。それでは、どんな物がつくれるかというと……おどろくべきことに、一つもつくれないのだ。

朝から晩まで、起きてから寝るまで、私はいろいろな物に囲まれて生活しているし、さまざまな物を使って生きている。それらのなかで、私一人で最初からつくれる物はまったくない。どれを取っても、顔も知らない多くの人々が関わってつくられた物ばかりである。これは、人類が社会をつくったり、お互いに協力したりした賜物《たまもの》だろう。そう考えると、人類ってすばらしい。でも反対に、一人ひとりに注目すると、別の気持ちが湧きおこってくる。

一人では、何にもつくれないのだ。人類って、本当に「賢い」のだろうか。

禁断の進化史——人類は本当に「賢い」のか　目次

第1部　智慧の実はどこにあったのか

第1章　存在の偉大な連鎖

私たちの隣は誰だ？

地球上には、さまざまな生物が存在している。細菌のように小さなものから、セコイアのように大きなものまで、本当にいろいろな生物が存在している。もちろん、私たちヒトも、そのなかの1種である。

さて、これらの生物に加えて、神様や天使もいる世界を考えてみよう。そして、それらの存在を、高等なものから下等なものまで、一列に並べてみよう（もちろん本当は、生物に高等も下等もないのだけれど、ここでは無理やりそういうレッテルを貼ることにしよう）。そのとき、私たちヒトの隣にくるのは何だろうか。

人によって考えが違うかもしれないが、私も含めて多くの人は、私たちのすぐ上には天使がきて、すぐ下にはサルがくる、そんなイメージを持つのではないだろうか。やはり生物のなかではサルが一番私たちに似ているし、神様は別格なので天使のほうが私たちに似ているように思えるからだ。

　こういう考えに影響を与えた人々としては、スコラ哲学者が挙げられる。中世から近代初期にかけて、西洋のスコラ哲学者たちは、世界の多様性を説明する仕組みとして、「存在の偉大な連鎖」というものを考えていた。それは世界の多様性を、石ころから神へと上っていく階級制度に置き換えたもので、ヒトは動物の中では一番上だが、天使よりは下に位置している。さきほど考えた順番と同じである。

　この存在の偉大な連鎖は、「神は存在しうるものすべてを創造した」という世界観に基づいているらしい。「存在するもの」ではなく「存在しうるもの」だ。つまり、この世には、存在できるもののすべてが存在し、欠けたものはないということだ。したがって、鎖の中で隣り合っている環《わ》と環はお互いによく似ていなければならない。そういう環が途切れなくつながって、世界の多様性をつくっているのである。

　だから、隣同士の環と環は、よく似ているはずなのだ。ところが、ヒトの両隣は、天使とサルである。天使はともかく、ヒトの隣がサルのように卑《いや》しい動物であるはずがない。ヒトの隣にしては、サルはあまりに下等すぎる。したがって、きっとヒトとサルのあいだには、まだ発見されていない環があるに違いない。「神は存在しうるものすべてを創造した」のだから、その環がまだ見つかっていないだけなのだ。そうして、その環（に当たる生物）は、ミッシング・リンク（失われた環）と呼ばれるようになったのである。

ただし、この辺りの感覚は、人によってかなり違うだろう。中世のスコラ哲学者は、ヒトとサルのあいだが離れすぎていると考えたようだが、それを言うなら、ヒトと天使のあいだのほうがずっと離れているように、私には思える。ヒトとサルの体のつくりに大きな違いはないけれど、ヒトと天使のあいだには大きな違いがある。なにしろ天使には翼《つばさ》があるのだから。

もっとも、最近のカトリック教徒のなかには、天使の翼のように見えるものは光の筋のようなものであって翼ではない、という意見の人もいるようだ。でも、たとえ光の筋であっても、天使とヒトが大きく違うことに変わりはない。まあ、あまり深入りするのはやめて、話を先へ進めよう。

この「存在の偉大な連鎖」という考えは、生物が進化しないという前提のもとに考え出されたものである。そうであれば、ほとんどの人が進化を認めている日本では、「存在の偉大な連鎖」という考えは、人気がなさそうだ。ところが実際は、なぜか「存在の偉大な連鎖」は、ほぼそのままの形で生きている。神様と天使を除いたバージョンに変更されて、生き残っているのである。

でも、それは日本に限ったことではない。他の国で進化を認めている人々のあいだでも、やはり「存在の偉大な連鎖」は生き残っているようである。

ウォッシュバーンの推測

アメリカの人類学者であるシャーウッド・ウォッシュバーン（１９１１～２０００）は、先見の明《めい》がある優秀な研究者だった。１９３０年代にタイの熱帯雨林でテナガザルなどを解剖し、解剖学的特徴と行動の関係を調べた。そして、初期の人類の行動を推測するには、類人猿やサルの行動を参考にするべきだと考えたのである。

さて、少し遠回りになるが重要なことなので、ここで「類人猿」と「サル」という言葉について、本書での使い方を確認しておこう。

サルのなかまである霊長類には、たいてい尾がある。しかし、例外的に、テナガザルやオランウータンやゴリラやチンパンジーやボノボには尾がない。これらの尾のないサルを「類人猿」という。私たちヒトも尾のないサルなので、類人猿の１種であることに間違いないのだが、本書では便宜的に、ヒトは類人猿に含めないことにする。

また、「サル」というのも、あいまいな言葉である。ヒトやチンパンジーやニホンザルなどすべての霊長類を指す場合もあるし、ヒトを除いたすべての霊長類を指す場合もあるし、類人猿とヒトを除いた残りの霊長類を指す場合もある。本書では、やはり便宜的に、類人猿とヒトを除いた残りの霊長類を「サル」と呼ぶことにする。

つまり、霊長類は「ヒト」と「類人猿」と「サル」という三つのグループから成り、それぞれのグループは重ならないとするわけだ。さて、それでは、ウォッシュバーンの話に戻ることにしよう。

ウォッシュバーンは初期の人類の行動を推測するために、チンパンジーの行動を参考にした。それはよいのだが、ウォッシュバーンの推測には少し問題があった。ウォッシュバーンはチンパンジーの行動を、ほぼそのまま初期の人類の行動とみなしたのである。

たとえば、ウォッシュバーンは、初期の人類はチンパンジーのようにナックルウォークをしていたと考えた。ナックルウォークというのは、四足歩行をするときに、手のひらを軽く握ったまま、指の外側を地面につける歩き方である。より正確には、指を軽く曲げて、親指以外の指の第一関節と第二関節のあいだを地面につける歩き方である（指の先端に近い関節から、第一関節、第二関節と呼ぶ)。

チンパンジーは二足歩行をすることもあるけれど、多くの時間はナックルウォークによる四足歩行をしている。ウォッシュバーンは、このチンパンジーの行動を、初期の人類の行動と考えたのである。

共通祖先をめぐる誤解

私たちヒトに至る系統とチンパンジーに至る系統は、約700万年前(あるいは約600万年前)に分岐したと考えられている。ということは、約700万年前にヒトとチンパンジーの共通祖先がいたわけだが、もちろんこの祖先は、ヒトともチンパンジーとも異なる生物だ。

私たちヒトは、この共通祖先から約700万年かけて進化して、現在のような姿になったのである。それは、チンパンジーにとっても同じことだ。チンパンジーも、この共通祖先から約700万年かけて進化して、現在のような姿になったのである。

したがって、現在のチンパンジーが、この共通祖先と同じであるはずがない。もしそうなら、私たちヒトに至る系統だけで進化が進んで、チンパンジーに至る系統では進化が止まっていたことになる。でも、そんな不自然なことが起こるはずはないだろう。

ちなみに、化石記録から考えると、現在の私たち（ヒトという種）は約30万年前に現れた。つまり約７００万年前にチンパンジーに至る系統から分かれた後、およそ６７０万年間は、まだヒトという種はいなかったのだ。

いっぽう、チンパンジーの化石としては、約50万年前の歯の化石が知られている。これが現生のチンパンジー（*Pan troglodytes* という学名の種）と同じ種なのか、あるいは近縁の別種なのかはよくわからない。

仮に、この化石が現生のチンパンジーと同じ種のもので、現生のチンパンジーが現れたのが約50万年前だとしよう。その場合は、チンパンジーに至る系統が、約７００万年前にヒトに至る系統から分かれた後、およそ６５０万年間は、まだチンパンジーという種はいなかったのだ。

現在生きているヒトという種もチンパンジーという種も、出現したのはせいぜい30万年前とか50万年前とかであって、約７００万年前に生きていた両種の共通祖先が、ヒトともチンパンジーとも異なる種であるのは当たり前である。

ところが、ヒトとチンパンジーの共通祖先が、チンパンジーと同じ姿をしていたという誤解は、今でも根強く残っているようだ。ウォッシュバーンも、そういう誤解に捉えられた一人だったのだろう。仮に、こういう誤解が正しければ、進化はたとえば以下のようなものになるはずである。

- 大昔に魚がいた。魚には二つのグループがあった。一つのグループは、両生類に進化して陸上に進出した。もう一つのグループは、進化が止まってしまい、いつまでも同じ姿のままだった。
- 陸上に進出した両生類は、二つのグループに分かれた。一つのグループは、ネズミに似た哺乳類に進化した。もう一つのグループは、進化が止まってしまい、いつまでも同じ姿のままだった。
- ネズミに似た哺乳類は、二つのグループに分かれた。一つのグループは、チンパンジーに進化した。もう一つのグループは、進化が止まってしまい、いつまでも同じ姿のままだった。
- チンパンジーは、二つのグループに分かれた。一つのグループは、ヒトに進化した。もう一つのグループは、進化が止まってしまい、いつまでも同じ姿のままだった。

つまり、いつも途中で、進化が止まってしまうグループがいるのだ。進化が止まったグループを置き去りにして、残りのグループは進化し続ける。そして、現在まで進化し続けた唯一のグループが、私たちヒトだというわけだ。つまり、ヒト以外の生物は、すべて進化が止まっているのだ。私たちヒトはもっとも進化したグループで、進化の先頭に位置しているのである。

こういう進化の結果、生み出されたさまざまな生物は、まさに「存在の偉大な連鎖」を形作ることになる。生物が下から上に向かって進化していき、途中で進化が止まったものが、その止まった時点における高さで固定される。そんなイメージだ。そして、もしかしたら私たちの一部は、これから天使に進化するのかもしれない。

もちろん、こういう進化の捉え方は正しくない。そして、ヒトとチンパンジーの共通祖先がチンパンジーと同じ姿をしていた、という考えは、こういう間違った進化観につながるものなのだ。

チンパンジーのほうが進化している？

それでは、ヒトとチンパンジーの共通祖先は、どういう姿をしていたのだろうか。はっきりとはわからないが、ある程度の推測は可能である。

チンパンジーの親指は小さくて華奢《きゃしゃ》だが、他の４本の指は長くて頑丈《がんじょう》だ。その結果、チンパンジーでは、親指の長さと他の指の長さがかなり違う。そのため、親指と他の指を向かい合わせにして物を摑《つか》むのが、あまり上手《うま》くない。こういう手は、木の枝にぶら下がるために進化したと考えられている。

いっぽうヒトの指は、親指が大きくて頑丈で、他の４本の指はそれほど長くない。その結果、親指の長さと他の指の長さがチンパンジーほどは違わない。そのため、親指と他の指を向かい合わせにして物を摑むのが、とても上手い。

もし、ヒトとチンパンジーの共通祖先が、チンパンジーと同じ姿をしていたら、ぶら下がるのに便利な手を持っていたはずだ。その場合、物を摑むのに便利な手は、チンパンジーに至る系統から分かれた後で、人類の系統で進化したことになる。でも、たぶん、それは間違いだ。

日本で動物園などに行くと、しばしばサル山がある。サル山にいるのはたいていニホン

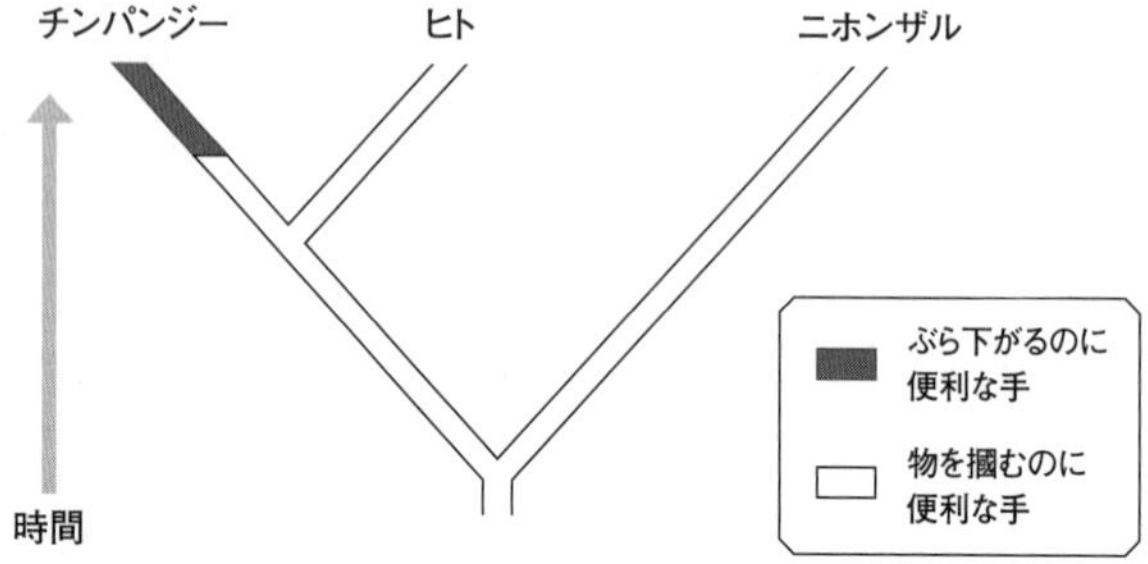

手の進化

ザルである。ニホンザルは、ジャガイモやリンゴを摑むのがとても上手い。チンパンジーよりずっと上手い。なぜなら、ニホンザルの手は、私たちヒトの手にそっくりだからだ。

物を摑むのに便利な手は、おそらく昔から、つまりヒトとニホンザルが分かれる前から存在していた。ヒトとニホンザルが分かれた後も、両方の系統の手は、物を摑むのに便利な手だった。それからしばらくして、ヒトとチンパンジーが分かれた。ヒトに至る系統では、物を摑むのに便利な手を持ち続けたが、チンパンジーに至る系統では、ぶら下がるのに便利な手へと進化した。

つまり、私たちヒトの手は古いタイプの手で、チンパンジーの手は最近になってから進化した新しいタイプの手なのだ。したがって、手だけに注目すれば、私たちよりチンパンジーのほうが進化していることになる。「存在の偉大な連鎖」で言えば、チンパンジーのほうが私たちより上にくるということだ。

でも、それは手だけに注目したからであって、他の部分では私たちのほうが大きく変化しているところもある。もちろん、チンパンジーのほうが大きく変化したところも、手の他にもたくさんある。だから、「存在の偉大な連鎖」で、ヒトとチンパンジーのどちらが上にくるのかは、そう簡単には決められないのだ。

さらに言えば、進化の道筋は一直線ではない。もし、「存在の偉大な連鎖」に従えば、鳥はヒトより下にいるはずだ。ということは、「存在の偉大な連鎖」を形作るように生物が進化したとすれば、ヒトは鳥という状態を通り抜けて進化したことになる。でも、ヒトは鳥から進化したわけではない。ヒトと鳥には共通祖先がいて、そこから二つの系統が分かれた。その二つの系統は、何億年もかけて、それぞれヒトや鳥に進化したのである。当然、その共通祖先は、ヒトとも鳥とも異なる生物だっただろう。

ということで、生物は「存在の偉大な連鎖」を形作るように進化するわけはないし、ヒトとチンパンジーの祖先がチンパンジーと同じ姿であるはずもないのである。

視覚は海のなかで進化した

しかし、これまでの説明に納得したとしても、私たちの頭の片隅からは「存在の偉大な連鎖」的なイメージがなかなか消えないのではないだろうか。何となく私たちは、生物のなかで一番な気がする。何が一番なのかというと、それはいわゆる「頭のよさ」である。たとえ力が弱くても、あるいは走るのが遅くても、頭さえよければ生物のなかで一番な気がするのだ。

もちろん、心のなかで何を考えようと自由なので、ヒトが一番だと思おうが、あるいは最下位だと思おうが、それは個人の勝手である。でも、ヒトが他の生物よりも頭がよい、というのは完全な妄想ではなくて、ある程度は事実であろう。では、どうして私たちは、他の生物よりも頭がよくなったのだろうか。

私たち哺乳類は、およそ2億3000万年前に現れた。中生代という時代の初期である。中生代には恐竜という活発な爬虫類がいて、いろいろな面で哺乳類は太刀打ちできなかった。おそらくはそのために、中生代の哺乳類は比較的小型で、夜行性の動物にならざるをえなかった。哺乳類が夜行性の動物だったことは、たんなる想像ではなく、オプシンというタンパク質の知見からも支持されている。

私たちは、眼球の奥にある網膜で光を感じる。網膜にある視細胞（桿体《かんたい》細胞と錐体《すいたい》細胞の２種類がある）が光のセンサーになっているからだ。

桿体細胞は非常に感度がよく、光子１個でも反応するという意見もある。この桿体細胞のおかげで、私たちはかなり暗いところでもものを見ることができる。ただし、桿体細胞が感じるのは明暗だけで、色を識別することはできない。

いっぽう、錐体細胞は、感度がよくないので、明るいところでしかものが見えない。そのかわり、錐体細胞は色を識別することができる。ヒトの場合だと、錐体細胞は赤・緑・青の光に反応する３種類があるが、それは錐体細胞のなかにあるオプシンというタンパク質に、赤・緑・青に反応する３種類があるからだ。ちなみに、桿体細胞のなかにもオプシン（桿体型オプシン）がある。

脊椎動物は基本的に４色型で、赤型、緑型、青型、紫外線型、桿体型の５種類のオプシンを持っている。オプシンは５種類だが、そのうちの桿体型オプシンは色を識別しないので、４色型というわけだ。

おそらく脊椎動物は、カンブリア紀（約５億３９００万〜４億８５００万年前）の時点で、すでに４色型の色覚を持っていたと考えられる。この時期の脊椎動物と言えば、魚類（あ

	赤型	緑型	青型	紫外線型	桿体型
魚類	○	○	○	○	○
両生類	○	?	○	○	○
爬虫類	○	○	○	○	○
鳥類	○	○	○	○	○
哺乳類	○	×	×	○	○
霊長類	○○（赤・緑）	×	×	○（青）	○

脊椎動物のオプシンのレパートリー（『「色のふしぎ」と不思議な社会――2020年代の「色覚」原論』川端裕人、筑摩書房、2020年を改変）

るいはその近縁種）しかいないので、すでに魚類の段階で4色型の色覚が進化していたことになる。ちなみに現生の魚類のなかには、さらにオプシンの種類を増やした種もいる。

ところで、なぜ海のなかですぐれた色覚が進化したのだろうか。水のなかは陸上より暗いし、それほど遠くも見えないので、あまり視覚は役に立たない気もする。とはいえ、実際にすぐれた色覚が進化したのだから、何かの役に立つことは間違いない。

色覚が役に立つ可能性のある環境としては、明るさが激しく変化する環境が挙げられる。たとえば、陽射《ひざ》しが照りつける真夏のプールがそうだ。水面が揺らぐたびに、プールの底に届く光もゆらゆらと揺らぐ。水中に潜《もぐ》ると、水の世界は青くなったり白くなったりするので、明るさが変化しているのがわかる。もちろんカンブリア紀にプールはないけれど、海でも同じようなことが起きるだろうし、とくに浅瀬ではそうだろう。

このように明るさが変化する環境では、明度だけでものを見るのは難しい。若い人はあまり見たことがないかもしれないが、白黒テレビの場合、場面が暗くなったり明るくなったりすると、とても見にくかった。でも、色がついていれば、見にくさは軽減される。明るくても暗くても、青は青だし、黄色は黄色だからだ。そのため、水のなかに棲《す》む魚にとっては、色覚を進化させることは役に立ったのかもしれない。

さらに爬虫類や鳥類も、基本的には魚類と同じ4色型である。爬虫類や鳥類の大部分は陸上に棲んでいるが、やはり色を区別することは役に立ったのだろう。そのため、魚類の4色型の色覚を受け継いだのだと考えられる。

いっぽう哺乳類は、基本的には2色型である。とはいえ哺乳類も、おそらく最初は4色型だった。しかし、さきほど述べたように、恐竜の時代に生きていた哺乳類は、夜行性だったと考えられている。その場合、色を感じるオプシンは感度が悪いので、暗いところではあまり役に立たない。役に立たないものをつくり続けるのはエネルギーの無駄である。

したがって、そういうものは自然淘汰によって消えていくことになる。そうして、哺乳類は2種類のオプシン（緑型と青型）を失って、4色型から2色型になったのだろう。

ところが、哺乳類のなかでも霊長類は、たいてい3色型だ。霊長類は、いったん失った緑型を、もう一度進化させたのである。

第2章　樹上生活の始まり

初期霊長類の謎

現在知られている最古の霊長類は、プルガトリウス・マッキーベリとプルガトリウス・ジャニサエである。ともにネズミほどの大きさの小さな哺乳類で、新生代の初期に当たる約６５９０万年前の地層から化石が見つかっている。

この年代は、鳥類を除く恐竜が絶滅した白亜紀末の大量絶滅（約６６００万年前）の直後（約10万年後）なので、霊長類の起源は白亜紀まで遡《さかのぼ》る可能性が高い。なぜなら、霊長類が2種いたということは、それらの共通祖先が存在したことを意味する。そして、その共通祖先は、2種の霊長類よりも古い時代に生きていたはずだからだ。

ちなみに、ＤＮＡの研究からは、霊長類の最初のなかまは約８１５０万年前の白亜紀に現れたという結果も出ている。これは、霊長類の起源は白亜紀まで遡るという、化石によ

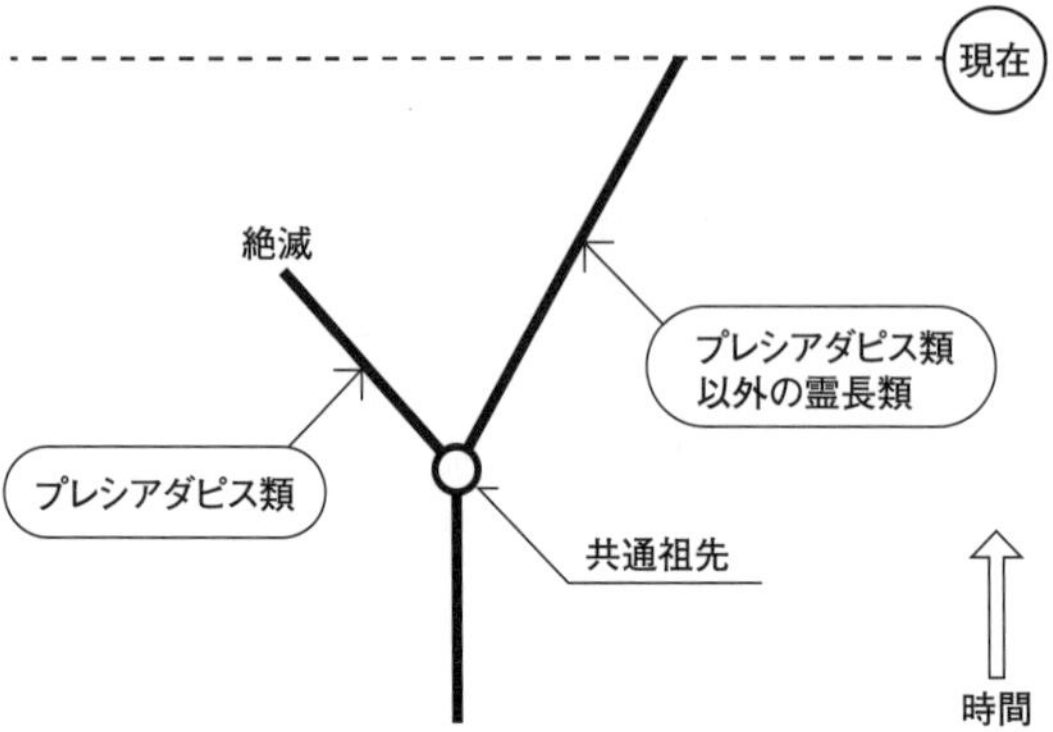

プレシアダピス類と霊長類の系統仮説の一つ

る考えと調和的である。

ちなみに、プルガトリウス・マッキーベリとプルガトリウス・ジャニサエは真の霊長類ではないという意見もある。両種はプレシアダピス類という絶滅したグループに含まれるが、このプレシアダピス類とそれ以外の霊長類は姉妹群になる可能性があるからだ。つまり、プレシアダピス類とそれ以外の霊長類には共通祖先がいて、そこから両者が分かれて進化したのかもしれない、ということだ。

この場合は、プレシアダピス類を霊長類から分けて、独立したグループとすることが可能である。しかし、この系統仮説が正しくても、プレシアダピス類と霊長類が近縁であることは間違いない。したがって、原始的な霊長類の特徴を推測するために、原始的なプレシアダピス類（プルガトリウス・マッキーベリとプルガトリウス・ジャニサエのことだ）の特徴を参考にしても問題はないだろう。いちおう本書では、プレシアダピス類は霊長類に含まれることにする。

さて、当時の哺乳類の多くが、昆虫を嚙《か》み砕くための長く尖《とが》った歯を持っていたのに対し、初期の霊長類であるプルガトリウスは、果物などをすり潰すのに適した、比較的短くて丸い歯を持っていた。

また、足首の関節の可動域が広いので、すばやく木に登ることもできただろう。そのため、おそらく樹上生活をしていたと考えられている。しかし、枝から枝への距離の推定に役立つ前方を向いた眼は持っていなかったようだ。

当時の哺乳類は、たいてい地上で暮らしていた。そのなかで、木の上で生活するようになったものが、霊長類の祖先になったらしい。どうして木に登ったかというと、そこには肉食獣が少ないからだろう。地上を歩いていたら、肉食獣に捕まって食べられてしまうかもしれないけれど、木の上に逃げれば、助かる可能性が高い。そこまで追ってくる肉食獣は少ないからだ。

たとえば、現在のアフリカなら、霊長類を食べるような捕食者として、ライオン、ブチハイエナ、ヒョウ、チーター、リカオンがいる。このなかで、ブチハイエナとリカオンは木に登ることができない。ライオンとチーターは木に登ることはできるが、あまり得意ではない。

このなかでは、ヒョウがもっとも木登りが得意だ。樹上の獲物を狙うだけでなく、自分が捕食者に襲われたときに、木に登って逃げることさえある。とはいえ、かなり太い枝でないと体重を支えることができないので、木登りが得意だといっても、あまり高いところまでは登ることはできない。

木に登ったもう一つの理由は、新生代になって果実をつける広葉樹が増えたことだ。果実を食べるようになれば、わざわざ地面に下りなくても、木の上で食事ができるからだ。

こうして樹上生活に適応していった霊長類は、2色型から3色型へと、ふたたび高度な色覚を取り戻していく。すでに持っていた赤型オプシンと紫外線型オプシンに加えて、赤型オプシンを変異させることによって緑型オプシンに近い働きをするオプシンをつくりだしたのである。

でも、何か不自然な感じがする。霊長類の祖先は、もともとは緑型オプシンを持っていた。そして、それを一度失った。その後、赤型オプシンを変異させることにより、ふたたび緑型オプシンをつくり出した。どうして、そんなややこしいことをするのだろうか。もともと緑型オプシンを持っていたのだから、それを復活させればよいのではないだろうか。

山頂へ至る道は一つではない

現在でも進化を否定する人はかなりいる。私の知り合いにも、完全に進化を否定している人がいる。そういう人たちがしばしば話題にする有名な話として、眼の進化がある。それは、こんな話だ。

もしも眼が自然淘汰によって進化したのであれば、まだ眼が完成する前の、途中の段階があったにちがいない。しかし、半分できた眼がいったい何の役に立つのか。そんなものが存在したと考えるのはナンセンスである。眼というものは完成して初めて役に立つものだから、進化によって少しずつつくられたわけがない。何らかの目的を持った存在（神のようなもの）によって一気につくられたと考えるほうが合理的である。

もちろん私（更科）は、生物が進化することを認めている。そして、上記の意見は間違っていると思う。間違っていると思うけれど、でも、そのいっぽうで、こうも思う。「半分しかできていない眼は存在しないというけれど、本当だろうか。そういう役に立たない眼が進化することもあるのではないだろうか」と。

私たちの眼がどういう段階を通って進化してきたのかは、実際にはわかっていない。しかし、ありえたかもしれない進化の道筋を想像することはできる。たとえば、以下のような道筋だ。

現在の私たちの眼は「形がわかる眼」であるが、最初はもっと単純な、たとえば「明暗がわかる眼」であったかもしれない。それは、表皮の一部に視細胞が並んだだけのもので、明るいか暗いかだけがわかる眼だ。クラゲの眼はこんな感じである。

その、表皮の一部にある視細胞の部分がへこむと、「方向がわかる眼」になる。光の来る方向によって、どの視細胞に光が当たるかが変わるので、光が来た方向がわかるのである。海岸の岩場などにいるカサガイの眼はこんな感じである。

視細胞の部分がもっと凹んで、入口のところが狭まると、球状の空洞になる。これは「形がわかる眼」だ。アワビの眼はこんな感じである。

そして、入口のところにレンズをはめ込むと、私たちのようなレンズ眼《がん》になる。レンズ眼も「形がわかる眼」である。

このような道筋で進化してくれれば、私たちのようなレンズ眼が進化することもできるはずだ。大切なことは、道筋の途中でも、眼がちゃんと役に立っていることだ。明るいか暗いかがわかるだけでも、光が来る方向がわかるだけでも、きっとクラゲやカサガイにとっては、十分に役に立っているのだ。

このように、どの時点で考えても眼が役に立っている、そんな道筋を通って私たちのレンズ眼は進化してきた。役に立っていれば、自然淘汰が働いて、眼が複雑になっていくことも可能である。プラモデルのように、レンズ眼を少しずつ組み立てながら、進化してきたわけではない。「半分できた眼」という変な段階は通らなかったのだ。

レンズ眼に至る進化の道は、山頂に至る登山道のようなものだ。そして、登山道は一つではない。「半分できた眼」を通る登山道を使ったら、山頂まで行きつくことはできないけれど、その他にも登山道はある。そのなかには、山頂まで行ける登山道もあるのである。

このように、登るときには「半分できた眼」を通ることはできないけれど、下りるときは事情が異なる。

下りるときは、どの登山道を通ってもかまわない。というか、登山道を通る必要もない。山肌の斜面を転がり落ちたってよいのである。

たとえば、洞窟に棲むようになった魚の眼が退化することがある（ちなみに退化も進化の一つである）。真っ暗な洞窟では眼が役に立たないので、自然淘汰によって小さくなったり無くなったりするわけだ。この場合は、進化の道筋の途中で、眼が役に立っている必要はない。だから、「半分できた眼」（この場合は「半分壊れた眼」と言うべきかもしれない）という段階を通るかもしれない。でも、その道筋では、山を下りることはできても、登ることはできないのである。

つまり、発達するように進化するとき（山を登るとき）には、通れる道は限られている。一方、退化するように進化するときは（山を下りるときは）、通れる道が無数にある。だから、たまたま、登ることもできる道を通って山を下りたときは、途中から引き返して、ふたたび山を登ることも可能だろう。

しかし、そういう両方通行の登山道は滅多にない。登ることができる道より、下りることができる道のほうがはるかに多いので、下りるときには、たいてい登ることはできない道を通ることになるからだ。そのため、一度退化したものが、ふたたび復活することは、進化においてほとんど起こらないのである。

　これは、霊長類の緑型オプシンについても当てはまる。緑型オプシンが自然淘汰によって退化しているときは、（山のたとえで言えば）たいてい登ることができない道を通って下りているのだ。だから、いったん緑型オプシンが退化し始めたら、まず復活することはありえない。どうしても復活させたかったら、別の方法をとる（たとえば赤型オプシンを変異させる）しかないのである。

昆虫食より果実食

　霊長類が2色型から3色型になった理由としては、果実を見つけやすいことが挙げられる。緑色の葉のなかから、赤く熟した果実を見つけることは、2色型では難しい。しかし、3色型の場合は、緑の葉から赤い果実が浮き上がって見えるので、かんたんに見つけられるだろう。森林のなかで果実を見つけるには、3色型が有利ということだ。

　しかし、いつでも3色型が有利なわけではないらしい。アジアやアフリカに棲むサルのグループ（類人猿も含む）である狭鼻猿類《きょうびえんるい》では、ほとんどが3色型だが、中南米に棲むサルのグループである広鼻《こうび》猿類では2色型も多いので、広鼻猿類を使って2色型と3色型を比べた研究がある[*]。

たとえば、昆虫を食べるときは、2色型のほうが有利なようだ。たいていの昆虫は、目立たないようにカムフラージュして、周りの景色に溶け込んでいる。目立つと、すぐ鳥などに食べられてしまうからだ。周囲の景色に溶け込むときには、体の色を周囲の色に合わせたりする。その場合は、色覚がすぐれていても、昆虫を見つけるためには、あまり役に立たない。かえって、明るさの違いや形の違いに注目したほうが、見つけやすいこともあるようだ。2色型の場合は、この明るさや形の違いを見分けるのが得意らしい。

実際に広鼻猿類のオマキザル（同種内に2色型の個体と3色型の個体がいる）で調べたところ、2色型のほうが昆虫をたくさん捕まえられることが明らかになった。とくに暗くなればなるほど、2色型と3色型の差は大きくなった。森林のなかでも日が差さない暗いところでは、3色型よりも2色型のほうが、同じ時間で3倍近く昆虫を捕まえることができたのである。

何も失わずに何かを手に入れる、そんな旨い話は滅多《めった》にない。霊長類のなかまは2色型から3色型へと進化したことによって、果実を食べやすくなった。しかし、昆虫は食べにくくなってしまった。でも、それでよかったのだろう。

現生のチンパンジーが何を食べているかを調査した研究はいくつかあるが、結果はだいたい同じである。チンパンジーは雑食性で、葉や花や昆虫や小動物などいろいろなものを食べるけれど、もっともよく食べるのは果実である。だいたい食料全体の70パーセントぐらいを占めるようだ。

もちろん、２色型から３色型になったころの初期の霊長類と、現生のチンパンジーとでは、食べているものがまったく同じではないだろう。それでも両者は、木の上という同じような環境で暮らす霊長類なので、ある程度は参考になるはずだ。

また、前述したように、初期の霊長類であるプルガトリウスは、昆虫を噛み砕くのに便利な長くて尖った歯から、果物などをすり潰すのに便利な比較的短くて丸い歯を進化させた。おそらく、初期の霊長類のおもな食料は、果実だったのだろう。そのため、昆虫食に不利でも果実食に有利な、３色型の色覚が進化したのだと考えられる。

---

* Melin et al. (2007) *Animal Behaviour* 73, 205-214.

植物の進化も重要だった

霊長類が木に登り、果実を食べるようになった背景には、植物の進化も関係している。

「植物」にはいろいろな意味があり、広い意味では光合成をする生物のほとんどを、植物と呼ぶ場合もある。しかし本書では狭い意味で、陸上植物のことを植物と呼ぶことにする。この場合、植物は、コケ植物、シダ植物、種子植物の三つのグループに分けられる。種子植物はさらに、マツ、イチョウ、スギなどの裸子植物と、アブラナ、ブナ、サクラなどの被子植物に分けることができる。

たいていの被子植物の花には、おしべとめしべがついている。めしべの根本は膨らんでおり、この膨らんだ部分を子房《しぼう》と言う。子房の内部には胚珠《はいしゅ》が入っている。この胚珠は動物の未受精卵のようなもので、花粉が運んできた精細胞と受精すると種子になる。この、胚珠が種子になるときに、子房も発達して果実になる。

いっぽう、裸子植物にも胚珠はあるけれど、子房に包まれてはいない。胚珠が、むき出しになっている。そのため、裸子植物は果実をつくらない。果実をつくるのは被子植物だけである。

この果実は、被子植物の繁殖戦略として進化したものと考えられている。

移動する能力を持たない植物は、みずから動いて生息域を広げることができない。そこで、動物の力を借りて生息域を広げるために進化したものが、果実であると考えられている。

たいていの果実は糖分に富んでおり、また消化しやすいので、動物にとって格好の食物となっている。動物に食べられないように進化した葉とは対照的である。果実は動物に食べてほしいのだ。

多くの葉は、アルカロイドのように毒性のある物質や、セルロースのように消化しにくい物質を含んでいる。これは、動物に食べられないための防衛手段だと解釈されている。いっぽうの果実は、動物に食べられることによって、広い範囲に種子を散布することができる。動物に食べられると果実は消化されるが、果実のなかの種子は消化されない。そのため、しばらくすると種子は動物体から排出されるが、そのあいだに動物は移動しているので、広い範囲に種子を散布することができるわけだ。

したがって、たいていの果実は、目立つ色をしていたり、強い香りを放ったりする。動物に見つかりやすくするためである。

新生代の初期には、まだ果実は小さく、枝先に固まって実っていたらしい。その後、果実はだんだんと大きくなり、それに連れて霊長類も増えていき、ますます樹上生活に適応していったようである。

樹上生活に適応した形質としては、距離を測りやすい前方を向いた眼や、枝を掴みやすい柔らかい指先（指腹《しふく》と言う）などがある。まず樹上での生活が始まり、それから眼や指が適応していったのであろう。

第3章　木の上で知性は育った

樹上生活への適応進化

霊長類は、大きく曲鼻《きょくび》猿類と直鼻《ちょくび》猿類の二つのグループに分けられる。しかし、かつては原猿類と真猿類に分けられることが多かった。原猿類は、脳が小さく、嗅覚が発達し、鼻面の長いグループで、キツネザルやガラゴが含まれる。真猿類は、脳が大きく、視覚が発達し、鼻面の短いグループで、ニホンザルや類人猿が含まれる。

ただし、この分け方では、メガネザルは原猿類に分類されていた。ところがその後、系統的には、むしろメガネザルは真猿類に近縁であることが明らかになった。そのため現在では、原猿類からメガネザルのなかまを除いたものを曲鼻猿類、メガネザルのなかまも含めてその他の霊長類を直鼻猿類と呼ぶことが多い。

ちなみに、さきほど、アジアやアフリカに棲むサルや類人猿のグループである狭鼻猿類

ガラゴ　写真：SCIENCE FACTORY ltd. / PIXTA（ピクスタ）

や、中南米に棲むサルのグループである広鼻猿類の話をしたが、狭鼻猿類や広鼻猿類というのは、真猿類をさらに二つに分けたときのグループ名である。

　さて、ガラゴというサルがいる。霊長類は、大きく曲鼻猿類と直鼻猿類に分けられると述べたが、ガラゴは曲鼻猿類に属する。したがって、直鼻猿類に属する私たちヒトからは、かなり遠縁と言える。

　しかし、ガラゴと私たちは、多くの特徴を共有している。前方を向いた眼や、柔らかな指腹があることや、二足歩行で歩くことなどだ。ただしガラゴは、いつも二足歩行をしているわけではない。あくまで、短い距離なら二足歩行で歩く能力があるということだ。

　それでも、ガラゴはかなり直立に近い姿勢を取れるし、その姿勢のまま歩く姿は、まるでガラゴの着ぐるみのなかにヒトが入っているのではないかと疑いたくなるぐらい、私たちに似ている（もちろんガラゴは小さいので、そんなことはありえない。しばしばペットとして飼われるショウガラゴの体長は、15センチメートルぐらいである）。

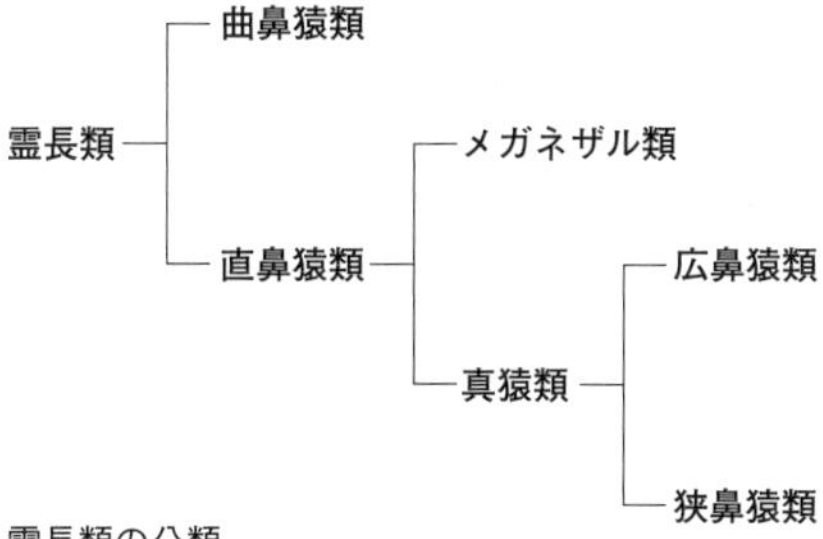

霊長類の分類

ガラゴと私たちが共有している特徴は、両者の共通祖先が持っていた可能性が高い。ＤＮＡの解析によれば、曲鼻猿類と直鼻猿類が分岐したのは約５０００万年前と推定されているので、共通祖先がいたのはその頃だ。そして、すでに共通祖先が持っていたのだから、その特徴が進化したのは約５０００万年前よりもさらに前ということになる。

おそらく樹上生活に適応した特徴は、新生代（約６６００万年前〜現在）のかなり初期には進化していたのだろう。

木に登るのは難しい

多くの哺乳類は木に登れない。そのため、木に登ることにはメリットがある。木の上にいれば、肉食動物などの捕食者に襲われる可能性が減るからだ（襲われる可能性は減れば十分で、ゼロになる必要はない。もしゼロになれば、個体数が増えすぎて生態系が崩壊する原因になったりする。かつてのアメリカのイエローストーン国立公園で、オオカミを駆除したためにシカが増えすぎて、樹木などに大きな被害が出たのは、その例である）。そのうえ、果実というご馳走《ちそう》まであるのだから、木に登る意義は十分にあると言える。

しかし、メリットとデメリットは表裏の関係にある。たしかに木の上にいれば捕食者に襲われる可能性は低くなるだろう。でも、なぜ捕食者が木の上に少ないかというと、木に登ることが難しいからだ。霊長類はいつも難しいことをしながら、暮らしていかなくてはならなくなったのだ。

そもそも、木の上というのは高い場所なので、つねに落ちる危険がある。落ちないためには、枝から枝へ正確に移動しなくてはならない。距離を測りやすい前方を向いた眼は、そういうときに役に立っただろう。そして、二つの眼から取得したそれぞれの情報を統合して距離を計算するために、脳の発達も促されたと考えられる。一般に霊長類は、哺乳類のなかでも頭がよいイメージがあるが、その一因はこういうところにあるのかもしれない。

また、霊長類は木に登るために、柔らかい指腹を備えた、物を摑みやすい手を進化させた。いっぽうでリスなどは、木に登るために、鋭い鉤爪《かぎづめ》を進化させた。物を摑みやすい手と鉤爪では、どういう違いがあるのだろうか。

仮に、ものすごく太い木、たとえば幹の直径が１００メートルの木があったとしよう。ここまで太ければ、霊長類やリスにとって、幹の表面がカーブしていることはほとんどわからない。むしろ平らな壁のように見えるはずだ。つまり、木が太い場合、木に登ることは壁を登ることに近い。壁を登るのであれば、物を摑みやすい手は役に立たないが、鉤爪のある手は役に立つ。鉤爪を平らな壁（実際には木の幹の平らな表面）に引っ掛けて、登ればよいからだ。

しかし、直径が小さい場合は、話が違ってくる。たとえば、細い枝を登ったり、あるいは水平に伸びた細い枝の上を歩いたりすることを考えよう。物を摑みやすい手なら、枝をしっかりと摑むことができるので、細い枝を登ることも、その上を歩くこともできそうだ。鉤爪の場合はそうもいかない。枝が細いと、鉤爪を引っ掛けても体が安定しない。とくに、水平に伸びた細い枝の上を歩くことが難しそうだ。すぐに体が左か右に回転して、枝から落ちてしまうだろう。

さきほど述べたように、新生代の初期の果実はまだ小さく、枝先に固まって実っていた可能性が高い。その場合、果実のところまで行くには、物を摑みやすい手のほうが適している。そこは枝が細いからだ。したがって、霊長類は、物を摑みやすい手を進化させたのだろう。

手で物を摑んだとき、指先が柔らかい指腹になっていれば、さらにしっかりと摑むことができる。柔らかい指腹は、摑む物の形に合わせて変形する。そうすると接触面積が広くなって、摩擦力が大きくなるからである。

なぜ指紋はできたのか

それに加えて、指紋や掌紋《しょうもん》や足紋《そくもん》があることも役に立っているかもしれない（指紋と同じように、手のひらにある凸凹《でこぼこ》の模様が掌紋で、足の裏にある凸凹の模様が足紋である）。

ふつう、自動車のタイヤには溝《みぞ》がついているけれど、レーシングカーのタイヤには溝がついていない。こういうタイヤをスリックタイヤと言う。スリックタイヤのほうが道路との接地面積が広くなって、摩擦力が大きくなる。そのため、スピードも出るし、安定してカーブを曲がることもできる。

また、スピードが速くなると、路面との摩擦による発熱で、タイヤの表面が溶ける。すると、さらに高い粘着性が得られるので、ますますスリックタイヤのほうが有利になる。そのため、モータースポーツでは、スリックタイヤを用いることがふつうである。

それでは、なぜ一般道を走る自動車のタイヤには、溝がついているのだろうか。その最大の理由は、雨が降ったときのためである。

スリックタイヤで濡《ぬ》れた路面を走ると、しばしばタイヤと路面のあいだに水が入り込んで、水の膜《まく》ができる。これを、ハイドロプレーニング現象と言う。ハイドロプレーニング現象が起きると、タイヤと路面のあいだの摩擦力が失われるので、車体の動きをコントロールできなくなる。こうなっては大変なので、ふつうのタイヤには溝がついている。溝を通って水が流れ去ることで、ハイドロプレーニング現象が起きることを防いでいるのだ。

指紋にも、同じような効果があるのかもしれない。自然界では雨がしょっちゅう降るので、濡れた枝を摑むときに、指紋が役に立った可能性がある。とくに、表面がつるつるした枝が濡れているときには、大きな効果を発揮したはずだ。

さらに、ざらざらした枝の場合にも、指紋の凸凹と枝の表面の凸凹が嚙み合うので、枝をしっかりと握ることができたはずである。

進化は進歩ではない

さて、指紋について、よいことばかりを書いてきたが、少し整理してみよう。

今は状況を単純化して、四つに分けて考えた。まず、枝がつるつるしている場合とざらざらしている場合に分けて、そのそれぞれについて、濡れている場合と乾いている場合に分けたのである。指紋が役に立ちそうなのは、そのうちの三つだ。

枝がざらざらして濡れている状況と、枝がざらざらして乾いている状況では、指紋の凸凹と枝の表面の凸凹が嚙み合うだろう。さらに、枝がつるつるして濡れている状況では、指紋がハイドロプレーニング現象を防いでくれるかもしれない。しかし、残りの一つの状況、つまり枝がつるつるして乾いている場合には、指紋は役に立たない。むしろ指紋などないほうが、指と枝の接地面積が増えるので、摩擦力も増えるはずだ。いつでもどこでも指紋があったほうがよいわけではないのである。

もしも、木の枝がすべてつるつるしていて、しかも雨がまったく降らないところに霊長類が棲んでいたら、指紋は進化しなかったかもしれない。しかし、実際に霊長類が棲んでいる環境では、雨も降るし、ざらざらした枝もあったのだろう。そのため総合的に考えると、指紋がないよりは、あったほうがよかったのだと考えられる。

いつでもどこでも役に立つ特徴なんてない。そんなものがあれば、すべての生物は、そういう特徴を持つように進化していくはずだ。もし、進化がそういうものであるなら、それは「進歩」と呼ぶことができるだろう。そして、「存在の偉大な連鎖」を上がっていくように、生物は下等から高等へと昇っていく。

でも、進化はそういうものではない。進化の向かっていく先は、おもに周囲の環境と、生物自身の行動によって、決まっていく。それが、ダーウィンの提唱した自然淘汰だ。そのため、ぐるっと回って同じところへ戻ってくることもしょっちゅうだ。色覚を減らしてから増やしたこともそうだが、私たち人類が知性を発達させたことにも、ぐるっと回って同じところへ戻ってきたできごとが重要だったと考えられる。それは食性の問題だ。

もしも、私たちの祖先がずっと動物を食べていたら、脳はこんなに大きくならなかった。そして、ずっと植物を食べていても、やはり脳はこんなに大きくならなかった。じつは、私たちの祖先が、昔は動物（昆虫も含む）を食べていて、それから植物を食べるように変化して、その後ふたたび動物を食べるようになったからこそ、脳はこんなに大きくなったのである。

葉食の霊長類は知能が低い

中生代の哺乳類の多くは昆虫などを食べていた、と考えられるが、そのなかで果実を食べるように変化したものが霊長類に進化した、と考えられることをさきほど述べた。たしかに大きな流れとしては、そのように言える。とはいえ、昆虫を食べていた哺乳類の1種が、果実を食べるように変化したせいで霊長類になった、というような単純な話ではないようだ。昆虫食から果実食への過渡期には雑食の時期があった、と考えられるし、それ以外にも複雑な進化が起きたらしい。

そもそも、おもに果実を食べる霊長類でも雑食性を示すことはふつうだし、現在でも昆虫や葉を食べる霊長類はたくさんいる。ガラゴは果実なども食べるけれど、よく食べるのはバッタなどの昆虫で、昆虫さえ食べていれば十分なエネルギーが得られるようだ。しかし、もっと大型の霊長類だったら、そうはいかないだろう。

同じ1匹のバッタを捕まえるために使うエネルギーは、体が大きくなるほど増加する。そのため、ガラゴなどの小型の霊長類のように、昆虫だけを食べているわけにはいかない。そこで、たとえばテングザルのように、一部の霊長類は葉を食べるように進化した。このほうが、体を大きくできるのだ。

熱帯雨林では、葉はどこにでもあるので、見つけるのはかんたんだ。しかし、食物としてはあまり優れたものではない。

4億年以上前の初期の植物には、葉がなかった。茎に葉緑体があって、そこで光合成をして生きていたのである。とはいえ、茎だけで光合成をしていては、たいした量の有機物をつくることができない。さらに多くの光合成をするためには、さらに多くの太陽光が必要である。

そこで、植物は、太陽光をたくさん浴びることができるように、薄くて面積の広い器官を進化させた。それが葉である。つまり、葉は、植物にとって大切な器官なのだ。動物に好きなように食べられてしまっては困るのである。

そのため、さきほど述べたように、葉にはいくつもの工夫がされている。セルロースやリグニンを含んでいるせいで、堅くて噛みづらいし、食べても消化しにくい。また、アルカロイドなどの毒を含んでいることもある。しかも、葉には、エネルギー源となる糖が少ししか含まれていないのである。

したがって、葉を食べる霊長類は、葉を大量に食べなくてはならない。そして、解毒と消化のために、胃のなかに何日も蓄えておかなくてはならない。そのため、葉を食べる霊長類は、たいてい太鼓腹《たいこばら》をしている。消化管が長いからだ。

昆虫食よりも葉食のほうが、多くのエネルギーを得られるので、体を大きくすることができる。とはいえ、葉を消化するためにもかなりのエネルギーが必要なので、思ったほどは、得られるエネルギー量が増えない。体は大きくできるものの、消化に多くのエネルギーを取られるので、脳に回すエネルギーはあまりない。いや、それ以前に、葉はかんたんに見つかるため、とくに脳を大きくする必要もないのだろう。その結果、葉食の霊長類は、比較的知能が低いのだと考えられる。

果実が脳を発達させた

いっぽうで、多くの霊長類は、果実を食べるように進化した。植物にとって、葉は食べられたら困るけれど、果実は食べてもらいたい。そこで、果実には、エネルギー源となる糖がたっぷり含まれているし、基本的には毒など入っていないし、消化もしやすい。

したがって、葉を食べるより果実を食べるほうが、ずっとよさそうだ。しかし、そのためには、ある問題を解決しなければならなかった。それは、果実が実るのは限られた時期の限られた場所だけだ、ということだ。

熱帯雨林なら、葉はいつでもどこでも手に入るけれど、果実は植物が生殖する時期にしかつくられない。そして、その時期は、植物の種類によって異なる。つまり、熱帯雨林のなかで果実はところどころに点在しており、さらにその位置は季節によって変化する。果実を見つけるのは難しいのだ。

　果実を食べるためには、どこに果実を実らせる木があるかを記憶して、いつ果実が熟すのかを予測しなければならない。このような空間的かつ時間的な地図を頭のなかにつくるには、脳に大量に情報を蓄えるだけでなく、それを処理しなくてはならない。つまり、果実食によって、知能の発達が促された可能性が高いのである。

　おそらく、これは私たち人類が、まだ人類になる前にたどってきた道だろう。私たちの知能は、一つの理由だけで発達したわけではない。いくつもの理由が重なって、私たちの大きな脳は進化してきたのである。その理由のなかでも、果実食は大きな影響力があったものの一つだろう。

　この果実食によって知能が高くなったことについては、統計的な研究がある。[*]この研究について述べる前に、脳化指数（EQ）について説明しておこう。その研究では、知能の高さをEQで代用しているからだ。

＊ DeCasien et al. (2017) *Nature Ecology & Evolution* 1, 1-7.

知能の高さを見積もるために、脳の大きさを使うことがある。これはたいへん乱暴というか、大ざっぱな方法なのだが、知能を測ることは非常に難しいので、しかたなく脳の大きさを使うこともあるわけだ。

しかし、ただ脳が大きいだけで知能が高いと推測することはできない。現在の地球で脳が一番大きい動物は、マッコウクジラである。８キログラムぐらいあるので、ヒトのだいたい6倍だ。でも、マッコウクジラのほうが、ヒトより知能が高いと考える人は、ほとんどいないだろう。なぜなら、マッコウクジラは脳も大きいけれど、体はもっと大きいからだ。マッコウクジラの体重は40〜50トンぐらいあるので、ヒトのだいたい８００倍だ。体に対する比率で考えれば、マッコウクジラの脳はヒトよりずっと小さいことになる。

それでは、脳の重さを体重で割れば、知能の尺度になるだろうか。いや、そういうわけにも、いかないのだ。

だいたい同じぐらいの知能と思われる動物を使って、脳の重さを体重で割ると、小さな動物ほど値が大きくなる傾向がある。たとえば、ヒトは約０・０２だが、トガリネズミは約０・１になる。トガリネズミのほうがヒトより大きいのだ。

そこで、体の大きさによる偏《かたよ》りを補正するために、脳化指数が使われる。脳化指数というのは、脳の重さを体重の4分の3乗(0・75乗)ぐらいで割ったものだ(上記の統計的研究では、体重の0・775乗を使っている)。これを使えば、体の大きさによる偏りをなくして、脳の大きさを、ひいては知能の高さを(大ざっぱには)比較できると言われている。

さて、この統計学的研究では、過去の研究よりも大きなデータセットを使って解析している。その結果、葉を食べる霊長類より、おもに果実を食べる霊長類のほうが、脳が大きい(EQの値が大きい)ことを、はっきりと示すことができたのである。

もっとも、果実食と脳の大きさのあいだには相関関係があるだけなので、因果関係まではわからない。もしかしたら、果実を食べることによって脳が大きくなったのではなく、もともと脳が大きい霊長類が果実を食べるようになっただけかもしれない。しかし、いくつかの理由から、おそらく果実食が原因で、脳の増大が結果である可能性が高い。

その理由の一つは、脳がエネルギーをたくさん使う器官だからだ。

私たちヒトの場合、脳の重さは体重の約2パーセントしかないが、消費するエネルギーは体全体の約20〜25パーセントである。脳はエネルギーを食う器官なので、脳を大きくするためには、食物から多くのエネルギーを取り込まなくてはいけない。しかし、葉には糖があまり含まれていないので、葉食で十分なエネルギーを取り込むことは難しいだろう。

また、化石記録を見ても、果実食が脳の増大に先行していることが支持される。すでに述べたように、初期の霊長類であるプルガトリウスの歯は、果物をすり潰すのに適していたし、足首の関節は木登りに適していた。したがって、おそらく樹上で生活をしながら、果実を食べていたと考えられる。しかし、プルガトリウスの脳は、のちの霊長類よりも小さかったのだ。したがって、果実食が始まった後で、脳が増大した可能性が高いだろう。

現在の私たちの脳は、たしかに大きい。しかし、一気にここまで大きくなったわけではない。おそらく、いくつかのステップを経て、ここまで大きくなってきたのだろう。鳥類を除く恐竜がいなくなった新生代以降で考えると、その最初のステップは果実食だったと考えられる。

第４章　なぜヒトはよく眠るのか

オランウータンと木の力学

東南アジアの熱帯雨林には、オランウータンが棲んでいる。オランウータンは雑食でいろいろなものを食べるが、もっとも好んで食べるのは果実である。たとえば、スマトラ島では年間を通じて果実が手に入るので、葉を食べることはほとんどないらしい。

オランウータンは類人猿の１グループで（種としてはスマトラオランウータンとボルネオオランウータンとタパヌリオランウータンの３種がいるとされる）、その脳は霊長類のなかでもとくに大きい。その理由を、果実食とする意見もある。しかし、それだけで説明することは難しいだろう。

なぜなら、オランウータンと同じ森には、マカクというサルも棲んでいるからだ。両者は、ほぼ同じものを食べているにもかかわらず、脳はオランウータンのほうがずっと大きい。もし果実食によって脳が大きくなったとしても、それはマカクぐらいのレベルまでだろう。その先は、つまりマカクからオランウータンまで、さらにレベルアップするには、何か別の説明が必要になるはずだ。

これと同じことが、オランウータン以外の大型類人猿（チンパンジー、ボノボ、ゴリラ）にも当てはまる。一般に大型類人猿のEQは、他のサルよりかなり高い値を示すからだ（もっとも、類人猿なみに高いEQを示すサルもいることはいる）。

大型類人猿と他のサルのおもな違いは尾の有無だが、それ以外で目立つ違いと言えば、体の大きさであろう。最大のサルであるヒヒでも、せいぜい体重は30キログラムだが、最小の大型類人猿であるボノボでも40キログラムぐらいはある。ゴリラに至っては１００キログラムを超える。大型類人猿はもっとも大きい霊長類なのだ（ちなみに小型類人猿のテナガザルの体重は、だいたい10キログラム以下である）。

地上で暮らしていれば、少しぐらい体重が重くなっても、それほど問題は起きないかもしれない。たとえば、もっとも重いサルであるヒヒは、生活の大半を地上で過ごしている。しかし、類人猿は多くの時間を木の上で過ごす。その場合、体重が重いことは大きな問題となる。

まず、落ちたときのダメージが大きい。もし、アリのように軽ければ、10メートルの高さの木から落ちても何ともない。でも、私たちなら大怪我をするか、場合によっては死んでしまう。ウシなら、まず助からないはずだ。霊長類でも、事情は同じである。体重が重いほど、落ちたときのダメージは甚大なものになる。マカクなら落ちても大丈夫な高さでも、オランウータンなら死んでしまうのだ。

さらに悪いことに、体重が重いほうが木から落ちやすい。それは、枝が折れやすいからだ。そのため、大型類人猿はいろいろな工夫をしている。たとえば、オランウータンが木から木へ移動する方法の一つを次の図に示した。

最初は4本の手足で、移動する前の幹に掴まっている（図のA）。それから片手を離して、隣の幹から伸びている枝を掴む（図のB）。その枝を引き寄せて、片足でもその枝を掴む（図のC）。枝を掴んでいた手を離して、隣の幹を掴む（図のD）。枝を掴んでいた足も離して、隣の幹を掴む（図のE）。それから、移動する前の幹を掴んでいた足を離して、隣の幹を掴む（図のF）。移動する前の幹を掴んでいた手を離すと、引き寄せられていた幹が放たれて遠くなり、移動が完了する（図のG）。

オランウータンは地面に落下しないように、4本の手足を最大限に使って、慎重に木か

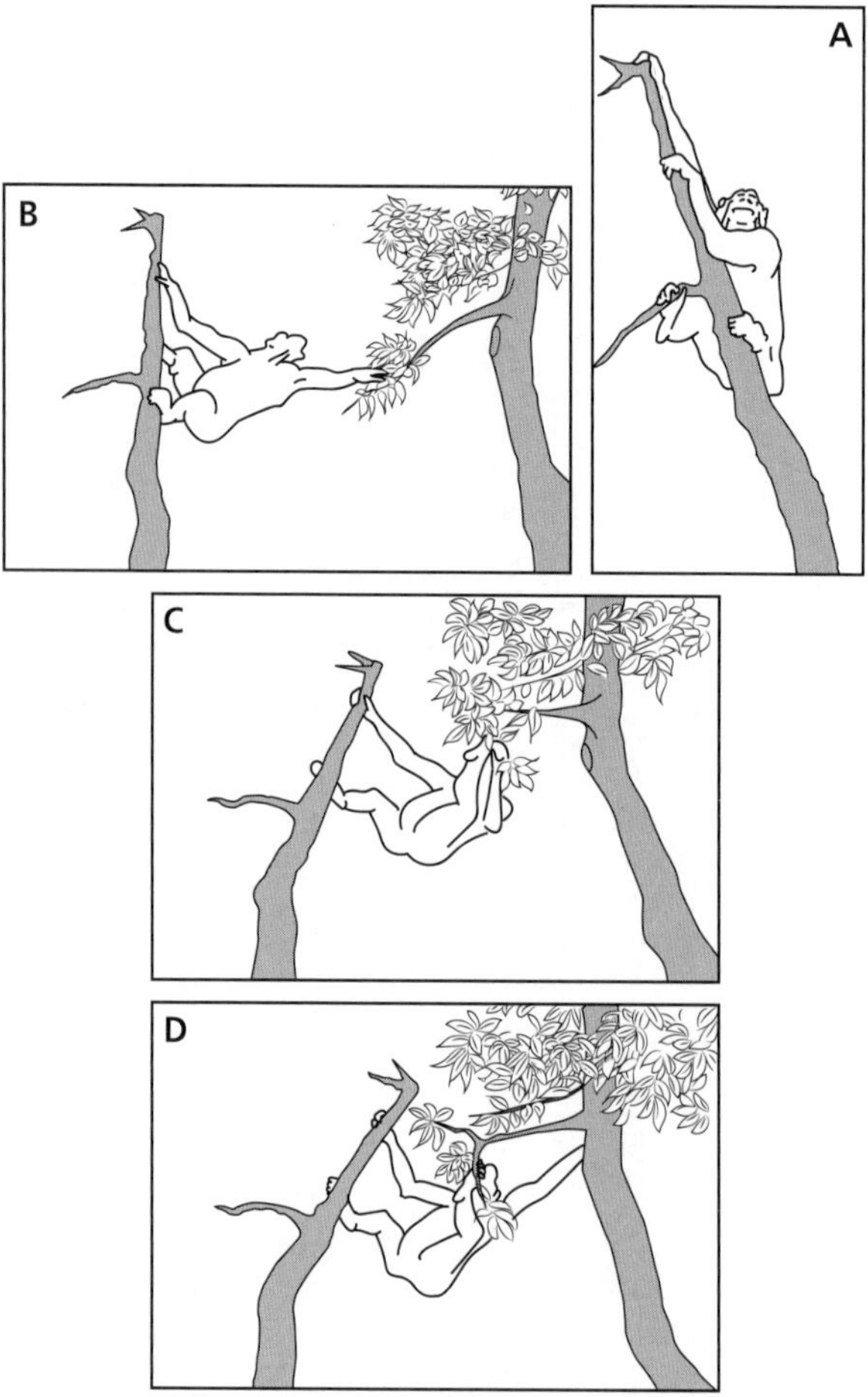
A
B
C
D

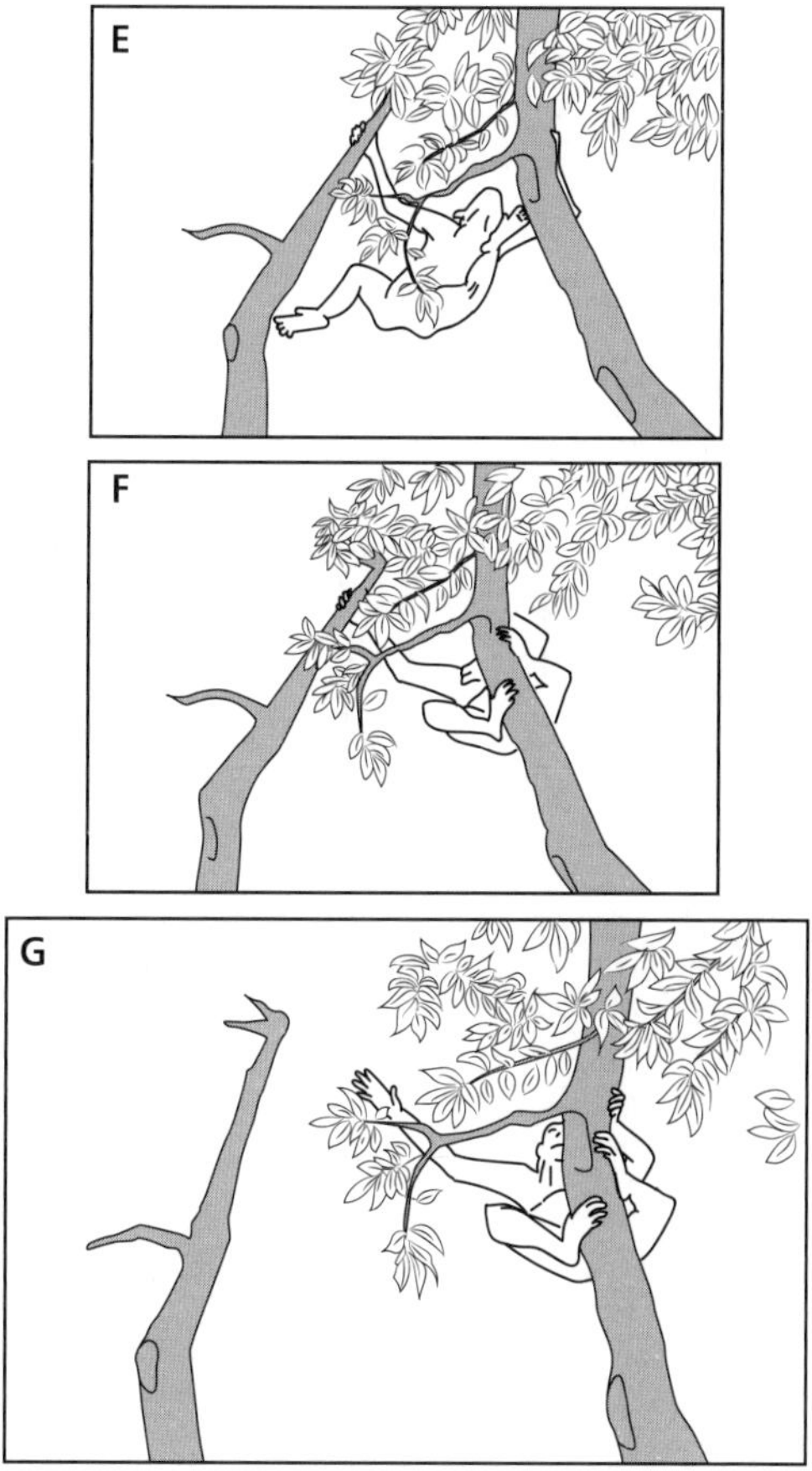

オランウータンの移動の仕方

Povinelli and Cant (1995) Arboreal Clambering and the Evolution of Self-Conception. *The Quarterly Review of Biology*, 70-1, 393-421.を参考に作成。

ら木へ移動する。また、木の力学的性質も理解しているようで、枝の太さによって移動する方法を変えている。

太い枝が水平に伸びている場合は、四足歩行で枝の上を歩いたり、枝にぶら下がって体を揺らしながら移動したりする。しかし、枝が細い場合は、手で頭上の枝を摑みながら、体を直立させて二足歩行で枝の上を歩いたりする。体重を複数の枝に分散させて、枝が折れにくくしているのだろう。

また、まんいち足元の枝が折れても、手で別の枝を摑んでいれば、地面に落下しないで済むかもしれない。ちなみに、類人猿のなかで、もっとも体を直立させて歩くことができるのはオランウータンである。

さらに、オランウータンは、移動したい木が少し離れているときは、木を揺らして移動することもある。さきほどの図では、少し離れた木の枝を摑んで、枝を引っ張ることによって木と木を近づけていたが、それとは別の方法もあるのだ。木の高いところに登って体を前後に動かし続けると、木がだんだん大きく揺れ始める。そして、隣の木に近づいたときに、手を伸ばして隣の木を摑むのである。

これは、木の柔軟性や力学的強度を理解していなければできないことだ。揺らし方が足りなければ隣の木に届かないし、揺らし過ぎれば木が折れてしまうからだ。

類人猿は寝床にこだわる

ところで、そもそも霊長類が樹上生活をするようになったのは、おそらく捕食者を避けるためであった。そうであれば、当然眠るときも木の上で眠らなければならないだろう。起きているときよりも寝ているときのほうが、さらに無防備で捕食者に襲われやすいからだ。

大型類人猿は、たいてい木の上に寝床をつくって眠る。たとえば、オランウータンの場合、木の上に1メートルほどのおわん型の寝床をつくって、そのなかで眠るようだ。まず太い枝を折って（でも切り取らないで）編み合わせて、おわん型の構造をつくる。それから、細い枝を切り取って、葉がついたまま敷き詰めたり膝《ひざ》の上に掛けたりする。こうして、慣れれば数分で、寝床を完成させるようだ。これは、かなり高度な技術と言えるだろう。

スマトラ島のオランウータンは、小枝を使って木の実の殻《から》を開けて種子を食べたり、枝を木の洞《うろ》に差し込んでシロアリを釣って食べたりする。これらは道具の使用という点で注目されるけれど、高度な寝床づくりを行うオランウータンが、単純な木の道具を使ったからといって、今さらおどろくことはないように思える。

オランウータンの寝床
©Nature Picture Library/Nature Production/amanaimages

チンパンジーも毎晩木の上に寝床をつくって、そこで眠る。ただし、体格のよいオスは、地上に寝床をつくることもあるらしい。ゴリラは、樹上に寝床をつくることもあるけれど、地上におわん型の寝床をつくることが多いようだ。体が大きいと捕食者に襲われにくいからかもしれないが、はっきりとはわからない。

いっぽう、ほとんどのサルは寝床をつくらない。眠るのは、たいてい木の高いところにある枝の上だ。高い枝の上で眠れば、ヒョウなどの捕食者に襲われる可能性は低くなるけれど、寝心地は悪そうである。

ただし、小型類人猿であるテナガザルや、類人猿以外のサルの一部にも、寝床をつくるものはいる。たとえば、キツネザルは木の上に枝や葉を使って寝床をつくる。しかし、その構造は、大型類人猿の寝床に比べれば簡単なものである。

さて、これまでに述べたように、新生代に入ってから霊長類の一部の系統は、いくつかの段階を経て知能を高くしていったようだ。まず、昆虫食あるいは葉食から果実食になったことは、脳を大きくする助けになっただろう。次に（とくに体の大きいものは）、樹上を安全に移動するために、木の力学的性質を理解しなければならないので、さらに知能を発達させたかもしれない。その結果、高度な寝床づくりをするようになったのかもしれない。ところが、話はこれで終わらない。高度な寝床づくりをすることによって、類人猿の知能は、ますます高くなった可能性があるのである。

質の高い眠りが知能を高めた

アメリカ・デューク大学のディヴィッド・サムソンとインディアナポリス動物園のロバート・シューメイカーは、類人猿とサルの睡眠の違いについて研究を行った*。赤外線カメ

* Samson and Shumaker (2015) *American Journal of physical Anthropology* 157, 421-427.

ラを使って睡眠中のヒヒやオランウータンの動画を撮り、それを解析したのである。
具体的には、睡眠中の姿勢や体の動き、短時間の目覚めによって睡眠がどれくらい中断されるかなどのデータを取り、それによって両者の睡眠を比較したわけだ。その結果、ヒヒよりオランウータンのほうが長くて深い睡眠を取っていると推測された。

ヒヒは太い枝の上で、背筋を伸ばしたまま座って眠る。眠りは浅く、何度も目を覚まして、周囲を警戒しているように見える。

いっぽう、オランウータンは、寝床のなかで体を横にして眠る。うつ伏せになったり仰向けになったりしながら、リラックスした無防備な姿勢で、ぐっすり眠っているように見える。また、ときどき瞼《まぶた》の下で眼球が動くので、もしかしたらオランウータンは夢を見ているのかもしれない。このように、長くて深い睡眠は、記憶を定着・統合させて、思考能力を発達させた可能性がある。

もちろん、思考能力を発達させるために寝床をつくったわけではないだろう。体が大きくなったために、枝の上でバランスを取りながら眠ることが難しくなったせいかもしれない。しかし、心地よい寝床をつくったことで、ぐっすり眠ることができるようになったのは事実だろう。そして、長くて深い睡眠を取ることによって、さらに知能を発達させた可能性は十分に考えられる。

人類は木登りをやめられなかった

ここで少し視点を変えて、初期の人類と中期の人類について考えてみよう。

人類に共通する特徴の一つは、直立二足歩行をすることである。それに関連した四つの特徴について、初期の人類（約４４０万年前に生きていたアルディピテクス・ラミダス）と中期の人類（約３９０万～２９０万年前に生きていたアウストラロピテクス・アファレンシス）を比較してみることにする。

アルディピテクス・ラミダスも、直立二足歩行をすることができた。しかし、まだ洗練された歩き方はできなかったようだ。

まず、アルディピテクスの足には、土踏まずがない。土踏まずとは、足の裏がアーチ状に凹んでいる部分のことで、地面からの衝撃を吸収する役割がある。ちなみに、この土踏まずはヒトにはあるが、チンパンジーにはない。

次に、アルディピテクスは足の親指がよく動き、大きく広げられる。そのため、親指を他の４本の指と向かい合わせて、物を摑むことができる。これは、樹上生活に適した特徴だ。ただし、チンパンジーほどは親指を他の4本指と向かい合わせにすることはできないので、枝を摑む能力もチンパンジーよりは低かったようである。

また、アルディピテクスは腕が長い。脚の長さを１００としたときの腕の長さは、ヒトは約70だが、アルディピテクスは約90である。腕が長いと木に登るときに便利なので、アルディピテクスはこの点でも樹上生活に適応していたと考えられる。ただし、チンパンジーの腕の長さは約１０６なので、やはりチンパンジーほどは樹上生活に適応していなかったようだ。

さらに、アルディピテクスがおもに食べていたのは、森林の植物のようだ。自然界における安定な炭素の約99パーセントは^{12}Cという陽子6個と中性子6個を含む炭素原子で、残りの約1パーセントは^{13}Cという陽子6個と中性子7個を含む炭素原子だ。この^{12}Cと^{13}Cの割合を、安定炭素同位体比という。

そして、森林の植物と草原の植物を比べると、平均的に見れば安定炭素同位体比が異なることが知られている。そのため、アルディピテクスの化石の安定炭素同位体比を測定すれば、彼らが何を食べていたのかが、だいたい推測できるのである。その結果によると、アルディピテクスは、草原よりも森林の植物を多く食べていたらしい。

このように、アルディピテクスはおもに森林に住んでいて、かなりの時間を樹上で過ごしていたようだ。

いっぽう、中期の人類であるアウストラロピテクス・アファレンシスは、森林から草原に進出し、かなり洗練された直立二足歩行ができたらしい。

アウストラロピテクスには土踏まずがあるし、足の親指もほとんど動かない。それに足跡からも、洗練された直立二足歩行をしていたことが、はっきりとわかる。アウストラロピテクスの足跡としては、タンザニアのラエトリで発見された３７５万年前のものが有名だ。さらに、安定炭素同位体比の解析によると、アウストラロピテクスはおもに草原の植物を食べていたらしい。

このように、アウストラロピテクスはおもに草原に住んでいて、しっかりした足取りで地面を歩いていたことは間違いない。

それにもかかわらず、アウストラロピテクスの腕はかなり長い。したがって、樹上生活にもそこそこ適応していたと考えられる。このことは、肩甲骨が類人猿と似ていることや、指が少し曲がっていることからも支持される。

つまり、アウストラロピテクスの体は、上半身と下半身で違う環境に適応しているように見える。下半身は草原を二足歩行で闊歩《かっぽ》できるようになっているけれど、上半身は相変わらず木登りに適応しているのだ。

これは少し不思議な話である。アウストラロピテクスの時代のアフリカは、かなり乾燥化が進んでおり、草原が広がっていた。アウストラロピテクスが生活していたのは、おもにこういう草原で、おそらく地上を歩き回りながら食物をさがしていたのだろう。そこには、木が生えていないことはないにしても、かなり少なかったのではないだろうか。

それでも人類は、樹上への適応を失わなかった。どんどん草原に進出し始めて、多くの時間を草原で過ごすようになっても、ときどきは木の上へと帰って行ったのだ。

人類の進化というと、つい森林から草原への進出に注目してしまう。しかし、草原に進出してからも、人類はなかなか木登りをやめられなかった。下半身はどんどん草原に適応していったのに、上半身にはいつまでも木登りに対する適応が残っていたのである。おそらくそれは、木の上の寝床で、ぐっすりと眠るためだったのではないだろうか。

アウストラロピテクスの脳は、類人猿と同じぐらいか、あるいはそれを少し上回るサイズだった。それほど大きい脳を維持していくためには、どうしても一定時間は、深く眠る必要があった。そのために、生活のおもな舞台を草原に移してからも、木登りと縁が切れなかったのだろう。

完全に木登りと縁が切れたのは、ホモ・エレクトゥスの時代だと言われている。ホモ・エレクトゥスの最古の化石は約200万年前のものなので、人類は約700万年前に誕生してから、少なくとも500万年ものあいだ、木の上で眠っていたことになる。しかし、それは、人類の脳を維持していくためには、どうしても必要なことであったのだろう。

ちなみに現生の類人猿は8時間ぐらい眠るようなので、おそらくアウストラロピテクスもそのくらいは眠っていたのではないだろうか。

第5章　直立二足歩行の真実

新たな発見

これまで述べたように、類人猿は木の柔軟性や力学的強度を理解しているようだ。オランウータンは地面に落下しないように、4本の手足を最大限に使って、慎重に木から木へ移動する。また、枝が細い場合は、手で頭上の枝を掴みながら、体を直立させて二足歩行で枝の上を歩いたりする。

もちろん、他の類人猿も、枝の上に二本足で立つことは珍しくない。チンパンジーは枝の上に立って、頭上の果実に手を伸ばす。大人のメスなら、背中に赤ん坊がしがみついていることもある。

一般に、直立二足歩行は人類の唯一無二の特徴だとされている。しかし、じつは以前から、人類以外に直立二足歩行をした生物がいた可能性は指摘されていた。それは、人類誕生の直前である約1300万～700万年前に生きていたオレオピテクスだ。オレオピテクスは、当時は地中海の島々であったイタリアのトスカーナ地方に棲んでいた類人猿である。

類人猿や人類の頭蓋骨には、脊髄《せきずい》が通る穴が開いている。この穴を大後頭孔《だいこうとうこう》といい、私たちヒトでは頭蓋骨の下側にある。それは、直立二足歩行をするからだ。いっぽう、ゴリラなどでは、大後頭孔は頭骸骨の後ろ側にある。それは、四足歩行をするからだ。

このように、頭蓋骨における大後頭孔の位置を調べれば、歩き方を推測できる。そして、オレオピテクスの大後頭孔は、頭蓋骨の下側に開いていたのである。

また、骨盤が上下に短くて幅が広いことも、オレオピテクスが直立二足歩行をしていたことを示唆する。

私たちが歩いていて、左足が地面から離れているとき、私たちの体は右足だけで支えられている。そういうときは、体が左に傾きやすい。それを避けるために、右側の外転筋《がいてんきん》（骨盤と大腿《だいたい》骨をつなぐ筋肉）が収縮して、骨盤の右側を引き下げる。すると反対に、骨盤の左側が引き上げられて体が直立し、スムーズに二足歩行をすることができるのだ。チンパンジーの骨盤は左右に短いけれど、私たちの骨盤は左右に長いので、この外転筋をしっかりと付着させることができる。そして、オレオピテクスの骨盤も、左右に長かったのである。
また、骨盤が上下に短ければ、両側から脊椎を挟んでいる骨盤と脊椎が接している部分の長さが短くなる。そのため脊椎が柔軟に動けるようになり、体を直立させたときにバランスを取りやすくなる。

その他にも、オレオピテクスの大腿骨や足首が人類に似ていることが報告されているので、オレオピテクスは直立二足歩行をしていた可能性があるのだ。

そのいっぽうで、オレオピテクスの腕は長く、指の形も樹上生活に適応していた。もしかしたらオレオピテクスは、オランウータン以上に木の上で直立二足歩行をしていたのかもしれない。

さらに、最近、新たに直立二足歩行をしていた類人猿の化石が報告された[*]。約1160万年前にヨーロッパに棲んでいたダヌビウス・グッゲンモシだ。ダヌビウスは腕が長くて握力が強く、肘《ひじ》関節の可動域が広いので、現生の類人猿のように、手で枝にぶら下がって体を揺らしながら、木から木へと移動すること、つまり腕渡りができただろう。

いっぽう、脚の形は私たちに似ており、背骨もS字のようにカーブしていたことから、ダヌビウスは現生の類人猿よりも、直立姿勢が取れたようだ。ダヌビウスは樹上生活をしていたと考えられるので、おそらく枝の上を二本足で歩いていたのではないだろうか。ダヌビウスの足の指は長いので、足で枝を摑んでバランスを取りながら、枝の上を直立二足歩行していたのだろう。

ダヌビウスは類人猿のような腕渡りもできるし、私たちのように直立二足歩行もできるので、類人猿と人類の共通祖先はダヌビウスのような生物だったのかもしれない。

また、約１０００万年前のヨーロッパの化石類人猿、ルダピテクス・フンガリクスも、骨盤の形から、二足歩行をしていたと考えられている。

人類史は書き換えられるか

もしかしたら、１０００万年ぐらい前のヨーロッパには、木の上を直立二足歩行する類人猿がたくさんいたのかもしれない。ダヌビウスやルダピテクスやオレオピテクスは、それらの一部なのかもしれない。

しかし、もしもそうだとすると、人類史は大きく変わってしまう可能性がある。人類は、

* Böhme et al. (2019) *Nature* 575, 489-493.

チンパンジーに至る系統と分かれた後で、直立二足歩行を進化させたのではないかもしれないからだ。直立二足歩行をしている類人猿がたくさんいて、そのなかの一つの系統が人類になっただけかもしれないのである。

今のところ、人類最古の化石は約７００万年前のアフリカのサヘラントロプス・チャデンシスとされている。サヘラントロプスの化石としては、ほぼ完全に近い頭蓋骨が見つかっている。

この頭蓋骨には、類人猿的な特徴が随所に見られるし、推定された脳の大きさも約３５０ccで、約３９０ccのチンパンジーと同じか少し小さいぐらいだ。このように類人猿的なサヘラントロプスが人類と考えられている根拠は、大後頭孔が頭蓋骨の下方にあるからだ。オレオピテクスのところで述べたように、大後頭孔が頭蓋骨の下方にあれば、直立二足歩行か、それに近い歩き方をしていたと考えられるからだ。

しかし、もし１０００万年前ごろのヨーロッパに、直立二足歩行で木の上を歩き回っていた類人猿がたくさんいたのであれば、話は違ってくるかもしれない。それらの類人猿がアフリカに移住してサヘラントロプスになった可能性があるからだ。その場合、サヘラントロプスは、たんなる類人猿の一系統で、人類とは無関係かもしれない。あるいは、チンパンジーに至る系統と人類が分かれる前の共通祖先かもしれない。

そうであれば、人類は共通祖先の特徴をそのまま受け継いで直立二足歩行をしていることになるし、チンパンジーは直立二足歩行をしていた共通祖先の特徴を受け継がずに、新たにナックルウォークを進化させたことになる。つまり、直立二足歩行をしているだけでは、人類と言えなくなるわけだ。

ただし、サヘラントロプスが人類である根拠はもう一つある。それは、犬歯《けんし》が小さいことだ。類人猿は犬歯が大きく、牙《きば》として使えるけれど、人類の犬歯は小さく、牙として使えない。直立二足歩行と並んで、犬歯の大きさも、類人猿と人類を分ける重要な特徴なので、サヘラントロプスは人類である可能性が高い。ただし、オレオピテクスも犬歯が小さかったので、これも決定的な根拠とは言えない。

１０００万年前ごろにヨーロッパに棲んでいた、直立二足歩行をする類人猿たちは、それから２００万〜３００万年後には姿を消してしまう。それらの類人猿が、アフリカで現れた人類と関係があるのかどうかは、よくわからない。

もしかしたら、ヨーロッパの直立二足歩行をする類人猿が、アフリカに移住して人類になったのかもしれない。あるいは、両者はまったく無関係で、ヨーロッパとアフリカで別々に直立二足歩行が進化したのかもしれない。この辺りは今後の研究の展開を待つことにしよう。

樹上生活と直立二足歩行

以上に述べたように、アフリカで直立二足歩行をするようになった人類が、ヨーロッパから移住してきた類人猿の子孫なのか、もともとアフリカにいた類人猿の子孫なのかは、よくわからない。しかし、どちらにしても、直立二足歩行は木の上で進化した可能性が高い。

ヨーロッパで直立二足歩行をしていた類人猿も、アフリカで直立二足歩行をしていた初期人類も、下半身は直立二足歩行に適応していたにもかかわらず、上半身は樹上生活に適応したままだったからだ。

また、現生の類人猿から考えると、木の上で直立二足歩行をすれば、手で別の枝を摑んで体重を分散させたり、バランスを取ったりできる。したがって、直立二足歩行は木の上でも十分役に立つので、木の上で進化しても何ら不自然ではない。というか、もしかしたら直立二足歩行は、木の上でなければ進化できないのかもしれない。

直立二足歩行の欠点として、走る速さが遅いことが挙げられる。

もし、あなたがアフリカのサバンナに１人で立っていたら、不安で仕方がないだろう。だって、あの茂《しげ》みからライオンが現れるかもしれないからだ。そのライオンがお腹を空かせていたら、もう終わりだ。走って逃げたところで、どうせ追いつかれて、食べられてしまうのだから。

しかし、仮に、あなたがライオンよりも速く走れるなら、話は違ってくる。それなら、サバンナに１人で立っていても、かなり気分が楽なはずだ。だって、ライオンに追いかけられても、走って逃げればよいのだから。でも、直立二足歩行をしているかぎり、そういうわけにはいかない。だから、サバンナでは、直立二足歩行は進化しにくいはずだ。実際、サバンナに棲んでいる動物は、みんな四足歩行するものばかりである。

それでは、どうして人類は、直立二足歩行をしたまま、木の上から地上に下りたのだろうか。直立二足歩行は、いきなりサバンナでは進化しづらくても、いったん木の上で進化した後で、直立二足歩行をしたままサバンナに進出することなら可能だった、ということだろうか。

軽視されてきたメスの役割

人類が二足歩行を始めたのは食料を運ぶためである、と最初に主張したのは、アメリカの人類学者であるゴードン・ヒューズ（１９１７～１９９７）で、１９６１年のことだった。彼は根拠の一つとして、ベニガオザルの子供が食べ物を運ぶときに、よく二足歩行をすることなどを挙げている。

アメリカの人類学者であるオーウェン・ラブジョイ（１９４３～）はこの仮説を発展させて、二足歩行は一夫一妻的な関係が形成されたときに始まったと主張した。二足歩行をするオスは、手を自由に使えるので、メスに食料をたくさん運ぶことができた。そして、メスは食料をたくさん運んでくれるオスを好んだというのである。

また、一夫一妻的な関係が形成されれば、メスをめぐってオス同士が争うことが減る。したがって、人類は牙を失った、つまり犬歯が小さくなったのだ、とも主張した。

大型類人猿の群れは、たいてい一夫多妻的あるいは多夫多妻的で、メスをめぐるオス同士の争いや、なわばりをめぐる群れ同士の争いが（とくにチンパンジーでは）多い。そういう類人猿のなかで、何らかの理由で（あるいはたまたま）一夫一妻的な関係が主流になったグループが７００万年ぐらい前に現れて、それが人類になったのだろうというわけだ。

さきほど述べたように、人類の大きな二つの特徴は、直立二足歩行と小さな犬歯である。ラブジョイのこの給餌《きゅうじ》仮説は、一夫一妻的な関係の形成という一つの仮定によって、人類の二つの特徴を両方とも説明できる点で、優れた仮説と言える。過去の歴史は検証することが難しいので、なかなか確証は得られないが、大筋においては、もっとも確からしい説ではないかと思う。

ただし、多少の修正は必要かもしれない。ラブジョイの説では、オスの役割だけが強調されていたが、メスもオスと同等か、あるいはそれ以上の役割を果たしていた可能性があるからだ。

たしかに、現在の狩猟採集社会では、男性が狩りに出て、獲物を捕まえてくることがある。そのあいだに、女性は植物や小動物を採集することが多い。このように書くと、食料の獲得の主役は男性で、女性の役割は小さいように思えるかもしれない。

しかし、ほとんどの狩猟採集社会では、女性が採集した食料のほうが、男性が狩猟で得た獲物よりも、多くのカロリーをもたらしていることが報告されている。大きな獲物はときどきしか仕留められないので、安定して採集できる食料はとても重要なのだ。おそらく女性の多くは、自分が必要とする以上の食料を採集し、それを他のメンバーと分け合っているのだろう。

ところで、初期の人類は植物食であったと推測されている。肉は消化しやすいので、腸は短くてよい。いっぽう、植物は消化しにくいので、長い腸が必要である。したがって、肉食なら腹部が細くなり、植物食なら腹部が太くなる傾向がある。腹部が細いか太いかを、骨格から直接知ることはむずかしい。腹部には脊椎以外の骨がないからだ。しかし、間接的に推測することはできる。

腹部の上に位置する胸部が太いか細いかは、骨格からもわかる。肋骨《ろっこつ》があるので、胸部の形はだいたい推測できるのだ。そして、初期の人類の胸部は、下に向かって広がる形をしていた。その形を腹部まで延長してみると、腹部は太かったと推測できるわけだ。

ということで、初期の人類はおそらく植物食だった。それなら、そもそも狩猟はしないはずだ。その場合、初期人類の社会のモデルとして、現在の狩猟採集社会を（参考にするのはよいけれど）そのままの形では使えないことになる。

初期の人類が行っていたことは、おそらく採集である。そうであれば、食料の調達に対して、オスだけでなくメスも重要な役割を果たしていた可能性が高い。しかも、子育てをしながらでも、たいていの採集はできる。さきほど述べたが、メスのチンパンジーが枝の上に立って果実に手を伸ばすときに、背中に赤ん坊がしがみついていることもあるのだから。

メスもオスも二足歩行をすれば、手を自由に使えるので、採集した食料をたくさん運ぶことができる。とくに子供が樹上で待っているときには、二足歩行でエサをたくさん運べることは重要になる。エサをたくさん運んできてくれる両親を持った子供は、生き残って子孫をつくる可能性が高くなるからだ。そうであれば、二足歩行は自然淘汰によって進化することになる。

ラブジョイの説はおおかた理にかなっているが、このように少し修正したほうがよさそうだ。初期の人類のメスは、樹上でエサを運んできてくれるオスを待っているだけでなく、おそらく自分でもエサを探しに行ったのだろう。子育てをしていないメスはもちろんだが、子育てをしているメスも、ある程度は食料の調達に貢献した可能性がある。その結果、オスにおいてもメスにおいても二足歩行をする個体が有利になり、その結果として直立二足歩行が進化したのであろう。

第6章　個性と自然淘汰

道具を使う類人猿たち

道具を使う霊長類は、類人猿だけではない。ブラジルやパナマのオマキザルは、大きな石の上に木の実や貝を置いて、それに両手で握れるくらいの石を打ちつけて割ることがある。とはいえ、もっとも頻繁に道具を使う霊長類は、大型類人猿である。

オランウータンは枝を折って、シロアリの巣穴に入れて、シロアリをほじくり出したり、木の棒を使って木の実の殻をこじ開けたりする。ボノボも棒を使って遊んだり、葉を雨傘にしたりする。

しかし、大型類人猿のなかで一番よく道具を使うのは、何といってもチンパンジーである。チンパンジーは小枝をシロアリの塚の穴に差し込み、たくさんのシロアリが小枝に噛みつくと、そっと引き出して舐《な》めとって食べる。東アフリカのタンザニアのゴンベにおける観察によると、オスよりメスのチンパンジーのほうが、シロアリ釣りを学習し始めるのも熟達するのも早いようだ。その結果、大人になってからも、メスのほうがシロアリ釣りは上手らしい。

また、チンパンジーは、ナッツ類などの殻を割るために石や木を使う。ナッツを木の根の凹《くぼ》みに置いて安定させ、石や木を打ち付けて叩《たた》き割るのである。堅いナッツには石を、それほど堅くないナッツには木を使うようだ。石はなるべく重いものを選ぶが、石がどこにあるかも重要らしい。重い石が遠くにある場合は、使わないこともある。おそらく重たい石を長い距離にわたって運びたくないからだろう。チンパンジーはナッツ割りを成功させるために、石の重さ、石の運搬、ナッツの固定、打撃など、何段階も先まで行動を予測していることになる。

そのせいか、ナッツ割りはなかなか難しいようで、熟練するのに４年ぐらいかかる。誰かが教えてくれるわけではなく、他の個体の行動を見ながら、自分で試して学んでいかなくてはならないので、時間がかかるのだろう。あるチンパンジーは、３歳でアブラヤシの実を割ろうとし始めたが、８歳になるまでは上手く割れなかったという。

さらに、メスのチンパンジーは（たまにはオスのチンパンジーも）槍《やり》のようなものを使う。

だいたい1メートルぐらいの枝を折って、葉を取り、枝先を歯で尖らせる。その槍を木の洞に突っ込んで、ガラゴを突いたり外に追い出したりするのである。また、枝を棍棒《こんぼう》として使ってガラゴを殴ることもある。そうして、捕らえたガラゴを食べるのだ。若いメスのチンパンジーが、枝を使ってリスを木の洞から追い出す姿も観察されている。

おもにサバンナで生活するチンパンジーは、地中の根や球根を食べるために、掘り棒を使うものもいる。だいたい太さは1・5センチメートル、長さは30センチメートル弱の棒を使うようだ。

「使わない」と「使えない」の違い

私は以前、茨城県に6年ほど住んでいたことがある。勤め先の大学の近くに住んでいたので、大学に通うのは楽だったが、買い物などに行くのはたいへんだった。スーパーマーケットもホームセンターも飲食店も書店も、何でもあるのだけれど、みんな遠いのだ。そのため、ほとんどの人が車か自転車を持っていた。

しかし、私は自転車を持っていなかった。私も大学生のころまでは、しょっちゅう自転車に乗っていたのだけれど、大学を卒業してからは、どういうわけかあまり乗らなくなってしまった。そこで、茨城県に引っ越したときも、自転車は持って行かなかったのだ。

そういうわけで、私は自転車を持っていなかった。たまに車を使うことはあったけれど、ふだんはどこへ行くにも歩いていった。店先で知り合いの大学院生などに会うと、「また歩きですか？」とよく言われたものだった。

それでも私は歩き続けた。昼間なら筑波山《つくばさん》を見ながら歩くのは気持ちがよかったし、夜はカエルの合唱を聞くのが楽しかった。カエルの声は本当に大きくて、田んぼのそばだと携帯電話で話をすることができなかった。カエルの声で通話が聞こえないのだ。

そうこうしているうちに、更科さんは自転車に乗れない、という噂《うわさ》が少しずつ広がり始めた。「いや、乗れるよ」と反論しても、「またまたあ。別にいいんですよ、乗れなくたって」みたいな感じで相手にしてくれない。もちろん、自転車に乗れなくたってかまわないし、実際のところ自転車に乗れないと思われていても、生活には何の支障もない。そこで、しばらくはそのままにしておいた。とはいえ、たまには学生の自転車を借りて、買い物などに行くこともあったので、そういう姿が目撃されたこともあったのだろう。噂は徐々に下火になっていった。

ところで、なぜ「更科さんは自転車に乗れない」という噂が広がったかというと、それは「自転車に乗るのはよいことである」という前提があったからだろう。自転車に乗れば楽だし、目的地にも早く着ける。こんな便利な自転車には、きっと更科さんも乗りたいに違いない。乗りたいにもかかわらず、なぜ乗らないのか。それは、自転車に乗れないからである、という論理だ。

でも、私は、それほど自転車に乗りたくなかった。だから、乗れるけれども乗らなかったのだ。こういうことって、人生においてわりとあるのではないだろうか。そして、これと似たようなことが、類人猿についても言えるように思う。私たちは、類人猿が道具を使わないと、つい、道具を使う能力がないのだろう、と思ってしまう。しかし、類人猿が道具を使わないからといって、道具を使えないとは限らないのだ。

人類も木の道具を使っていた

たとえば、ナッツ類などの殻を割るために、石や木を使うのは西アフリカのチンパンジーだけである。東アフリカのチンパンジーは、周囲に手頃な石があっても使わない。しかし、だからといって、東アフリカのチンパンジーに石や木を使う能力がないとは限らない。

チンパンジーに比べるとあまり道具を使わないオランウータンも、道具を使う能力がないわけではない。飼育下では、手先の器用さで研究者をしばしば困らせるからだ。頑丈な檻《おり》から逃げ出すこともあるのである。

また、野生のボノボは石器をつくらないけれど、カンジと名付けられた飼育下のボノボは石器をつくる。たとえば、目の前にお菓子が入った箱がある。しかし、ロープを切らないとその箱を空けることができない。そういう状況下で、カンジは石を石に投げつけて割り、鋭利な石器をつくった。そして、その石器でロープを切って、箱を開けたのである。その後、カンジの石器製作技術は進歩して、両手にそれぞれ石を持って、両者を打ち付けて石器をつくることができるようになった。おそらくこれは、人類が石器を製作していた方法だと考えられる。

さらに言えば、道具に関する技術は、かならず進歩したり広まったりするとは限らない。廃《すた》れて無くなることだってあるはずだ。野生では、現在はあまり道具を使っていない集団も、かつては道具を使っていたかもしれないのである。

このように、道具の製作や使用から、知能を推測することは難しい。その理由の一つは、道具を使わないからといって、道具を使う能力がないとは限らないからだが、別の理由もある。そもそも、道具そのものが残りにくいのだ。初期の人類の道具について考える場合、それは何百万年も昔のことなので、木の道具を使っていたとしても、それは残らない。そのため、つい残りやすい石器などに注目してしまう。しかし、大型類人猿の知見から類推すれば、初期の人類が、石器より先に木の道具を使っていたことは確実だろう。

初期の人類もチンパンジーのように掘り棒を使って、根や球根を食べていた可能性は高い。当時は乾燥化が進んでいたので、初期の人類が住んでいた森林も、木が減って疎林《そりん》化したところが多かった。そうであれば、地上に下りて食料を探すこともあっただろう。そういうときには、人類だって掘り棒を使ったはずだ。しかし、木は朽《く》ちやすいので、残念ながら初期の人類が使った掘り棒は発見されていない。

発見されているかぎりで最古の掘り棒は、イタリアで見つかった17万年前のもので、ネアンデルタール人が使ったものと考えられている。長さは1メートル以上で、太さも2・5~4センチメートルぐらいある。先端は、火で焦《こ》がした部分をそぎ取って尖らせている。

さきほど紹介したチンパンジーの掘り棒は、雨季で土が柔らかいときしか使えないし、しかも浅いところの根や球根しか掘り出せない。しかし、ネアンデルタール人の掘り棒なら、もっと固い土でも深く掘り起こすことができたに違いない。

もちろん、初期の人類の掘り棒は、ネアンデルタール人のものほどは洗練されていなかったろう。最初はチンパンジーのものと大差なかったかもしれないが、少しずつ洗練されていったと考えられる。

進化の道筋を疑う

一般に私たちヒトは知能が高いと考えられているが、その土台は、すでに人類と他の類人猿が分かれる前に築かれていた。ここまでそういう話をしてきたが、少し長くなったので、簡単にまとめておこう。

霊長類の祖先は、おそらく捕食者を避けるために、木の上で生活するようになった。そのため、枝から落ちないように、距離を測りやすい前方を向いた眼が進化した。そして、霊長類の脳は、二つの眼から取得した情報を統合して距離を計算するようになった。

木の上で生活していたので、霊長類は果実を食べるようになった。そのためには、いつどこで果実が熟すのかを予測するようになる。その結果、空間的かつ時間的な地図を頭のなかにつくるために、脳の発達が促された。

果実を食べるようになった霊長類は、体が大きくなった。しかし、そうなると、枝が折れて、地面に落下する危険性が高くなる。そういう事態を避けるために、木の柔軟性や力学的強度を理解する必要があった。

以上のような過程で脳が発達した霊長類は、脳を維持するため、あるいはさらに脳を発達させるためにも、深く眠ることが必要になった。そのため、木の上に寝床をつくるものが現れた。そして、寝床以外にも、さまざまな道具を使うようになった。それらはおもに木の道具で、地中の根を食べるための掘り棒や、シロアリ釣りに使う葉を取った枝などであった。

だいたい、こんな話を述べてきたが、こういう話を読むときには注意が必要である。たとえば有名な野球選手がいたとしよう。彼は、これまでの自分について、こんな話をした。

「私はプロ野球の選手になるのが子供のころからの夢でした。だから、野球の練習をたくさんしました。つまり、私が有名なプロ野球の選手になれた理由は、夢を諦めなかったことと、練習をたくさんしたことの二つです」

たしかに、彼に関するかぎりは、その通りなのだろう。彼は本当のことを言っているだけで、嘘なんか吐いていない。しかし、彼の話を聞いた人が、自分も彼のようになれると信じて、彼とまったく同じ生活を始めたとしたら、それは問題である。

プロ野球の選手になることを夢見ている子供は、たくさんいそうだ。たとえば10万人いたとしよう。しかし、プロ野球の選手の数には限りがある。仮に１０００人だとすると、10万人－１０００人＝９万９０００人は、夢を諦めずに練習をたくさんしても、プロ野球の選手にはなれないことになる（この計算は単純過ぎるけれど、その点はつっこまないことにしよう）。

さて、もし９万９０００人が夢を諦めなかったら、どうなるだろうか。年を取って体力が衰《おとろ》えてきても、もっと練習すればふたたび体力が復活すると信じて、夢を諦めなかったら、どうなるだろうか。彼らの夢は叶うことはなく、人生が終わってしまうことになるだろう。

もちろん、どんな人生を送ろうが（いちじるしく他人に迷惑をかけない限りは）それは個人の勝手である。しかし、「夢を諦めなければ夢が叶う」とは限らないことも、また事実である。多くの人にとって、夢を諦めることは、とても大切な人生の智慧《ちえ》なのだ。

さきほどの、すでに類人猿の時代に高度な知能の基礎が築かれていた、という話も同じである。あれは、プロ野球の選手になった人の話と同じで、おそらく嘘ではないけれど、かならずあのような進化の道筋を通るとは限らない。

私たちは、結果的にあのような道筋を通ってきたけれど、別の道を歩む可能性だってあっただろう。それはすばらしい進化の道筋だったかもしれないし、最低最悪の道筋だったかもしれない。それはわからないけれども、私たちヒトが今のような状況になったのは必然ではなく、別の進化の道筋をたどる可能性もあったということだ。そのことは、いつも頭の片隅に置いておいたほうがよいだろう。

個性は進化にどう関係するか

私が小学生のころ、誕生会というものがときどき行われた。誕生日に友達を招いて、パーティーをするのである。私も何回か招かれて、プレゼントを持って友人の家に行った記憶がある。

そういうことが重なると、お返しをしたほうがよいだろうと、家族に提案された。つまり、私の誕生日に友達を招いて、誕生会をしろと言うのである。しかし、私は、どうしても誕生会をしたくなかった。この辺の気持ちはうまく表現できないのだけれど、たとえばみんなに「おめでとう！」とか言われるのが、とてもいやだったのだ（今でもいやです）。恥ずかしいのとは少し違うのだけれど、「おめでとう！」と言うのはいやではないのだけれど、言われるのはいやなのだ。私も何十年か生きているあいだに、何人かそういう人に出会った。それほど珍しいわけではなく、どうやら一定数は、私と同じような人がいるらしい（ホテルのレストランなどで、客のなかの誕生日の人に、歌を歌ってお祝いをするところがある。そうやってお祝いされることが苦手な人まで含めると、もう少し人数は増えそうだ）。そのいっぽうで、「おめでとう！」と言われるのがいやでない人も、たしかにいるのである。どちらがいいとか悪いとか、そういうことではなく、これは個性と言うべきものだろう。多様性と言ってもよいかもしれない。

このように、ヒトにはさまざまな個性がある。もしも、どこかの星の宇宙人が地球人を研究するために、行動を観察したとしても、地球人の行動を一般化することはなかなか難しいだろう。ヒトには個性があるので、個体ごとにかなり行動が異なるからだ。

ヒト以外の動物で、もっとも個性が豊かなのは、おそらくチンパンジーだ。群れのなかのチンパンジーには、地位の上下がある。この地位のために生涯に渡って争う、いわば政治的なオスがいるかと思えば、地位に無関心なオスもいるらしい。また、子供の世話に非常に熱心な母親がいれば、のんきであまり世話をしない母親もいるようだ。

こういう個性の違いは、環境や文化によるものもあるだろうが、遺伝的な要因も大きいと考えられる。同じ群れのなかでも、いろいろな個性があるからだ。もちろん同じ群れのなかでも、母親から受けた教育（といっても多くの場合は子供が母親の行動を真似るだけだが）によって、個性が変わることはある。しかし、そうであっても、個性の形成に遺伝的要素がまったく関係ないことはないだろう。そして、もし個性が遺伝するとすれば、それは自然淘汰の作用する対象となる。つまり、進化に関係してくることになる。

進化とは不細工なものである

進化のメカニズムは四つである。自然淘汰と遺伝的浮動（集団の遺伝子頻度が偶然によって変化すること）と突然変異と遺伝子交流（集団の間で遺伝子が交換されること）だ。これらのうち、生物が生きていくために有利な形質を進化させる力があるのは、自然淘汰だけである。

生物の体はじつにうまくできている。空を飛ぶ鳥の翼や、超音波を出して暗闇でも周囲を「見る」ことができるコウモリの反響定位という能力に、私たちは目を見張る。あまりにもうまくできているので、これらが無計画な自然現象によってつくられたとは、にわかには信じがたいほどだ。

そのため、何らかの超越的な存在が生物をつくったのだ、と勘違いする人が出てくるのも無理はない。しかし、よく見ると、生物の体はうまくできているところばかりではない。とても非効率的で不細工《ぶさいく》なところもたくさんある。

有名な例としては、私たちヒトの輪精管《ゆせいかん》がある。輪精管は、精巣《せいそう》の横にある精巣上体《じょうたい》から尿道まで精子を運ぶ管《くだ》である。本来なら数センチメートルの長さで済むはずなのに、実際の輪精管は40センチメートルぐらいある。なぜなら、輪精管は、膀胱《ぼうこう》の周りをグルリと遠回りしているからだ。

また、キリンの迷走神経も、遠回りをしていることで有名である。迷走神経は、喉《のど》の筋肉を動かしたりするために、脳から出ている神経である。本来なら30センチメートルぐらいの長さで済むはずなのに、脳からいったん首の根本まで下りていって、それからふたたび上がってくるので、実際の長さは約6メートルもある。

なぜ、こんなことになっているかというと、迷走神経が、心臓の近くの血管の下をくぐっているからだ。キリンの祖先は首が長くなかったのだが、それから首がどんどん伸びていった。そのため、首が長くなるのに連れて、迷走神経も遠回りをするようになってしまったのである。

こういう不細工なところがあるのは、生物に歴史があるからだ。昔は、今とは違う形をしていたからだ。全体の形が変化すると、その変化にうまく対応できない部分が、どうしても出てきてしまう。つまり、生物は進化によってつくられたために、適応的な部分と不細工な部分の両方を持っているのだ。

それは、脳についても当てはまる。おそらく知能が高くなったことは（少なくとも部分的には）適応的なことだったと思われるが、いっぽうで意識が生じたことは、かならずしも適応的ではなく、進化的には不細工なことだった可能性がある。それについては、第２部で検討することにして、話を先に進めよう。

類人猿や人類は個性が強い。みんながみんな似たような行動をするわけではなく、周囲の環境が同じであっても、さまざまな行動をする個体がいる。それは自然淘汰に選んでもらうための材料がたくさんあることを意味する。そのため、類人猿や人類には自然淘汰が働きやすい状況にあったのかもしれない。知能が発達したのも、もしかしたらそういう意味合いもあった可能性がある。

第7章　類人猿を超えて

残された二つの問題

人類は、およそ700万年前に類人猿と分かれて、系統的には独自の進化の道を歩み始めたけれど、知能に関しては、それからもしばらくのあいだは、類人猿とそれほど違いがなかった。

人類のそれぞれの個体には強い個性があり、それぞれの集団には独自の文化があって、なかなか一般化することは難しいけれど、おそらく人類は誕生したときから、すでに木の道具を使っていた。その後、約340万年前ころに石器をつくりはじめたようだ。その石器を使って肉を食べ始めたかもしれないが、その石器でさらに優れた木の道具をつくっていた可能性もある。

しかし、それでも、人類の知能は類人猿と大きくは違わなかった。しかし、だいたい2

５０万年前から、人類の脳は大きくなり始め、類人猿とは一線を画すようになる。いったい何が引き金となって、人類の知能は類人猿を凌駕《りょうが》する進化を開始したのだろうか。その引き金は肉食だったという説が有力である。しかし重要なのは、本当に肉食だけだろうか。

人類は約３４０万年前から石器をつくり始めていたけれど、石器が広く普及したのはもっと後の時代で、だいたい２６０万年前以降と考えられる（エチオピアで約２６０万年前の石器が見つかっている）。石器が普及したことによって、日常的に肉を食べられるようになって、脳が大きくなったのかもしれない。

脳はエネルギーをたくさん使う器官である。私たちヒトでは、脳の重量は体重の約２パーセントしかないのに、消費するエネルギーは体全体の20〜25パーセントに達するという。そのため、カロリーの高い食事をしないと、脳を大きくすることはできない。人類は肉というカロリーの高い食物を食べることによって、脳を大きくすることができたのだろう。

ホモ・ハビリスは、それ以前のアウストラロピテクスに比べると、やや脳が大きくなっている。ホモ・ハビリスの化石は約２４０万年前から見つかり始めるので、脳が大きくなり始めたのは、その少し前だろう。そう考えると、石器が普及して、日常的に肉を食べられるようになって、脳が大きくなった、というストーリーは大筋において成立しそうに思える。

通常の霊長類から類人猿になる過程で、人類の知能の基礎が築かれた。そして、ついに類人猿をも引き離して、人類の知能が飛躍する時代がやってきた。そのきっかけとなった原因は、日常的な肉食であった可能性が高いわけだ。

さて、第1部を終えるにあたって、最後に二つの問題を検討しておこう。一つは、「チンパンジーも肉を食べるのに、どうして脳が大きくならなかったのか」という問題で、もう一つは「人類の知能が類人猿を引き離した理由は、肉食だけか」という問題だ。

肉食と脳の大きさ

チンパンジーはしばしば狩りをするけれど、肉食獣というわけではない。たとえば、チンパンジーはコロブスというサルを殺したあと、死体を放置して次の獲物を追いかけていくことがある。なぜこんなことをするのか、はっきりしたことはわからないけれど、肉を食べること、つまり栄養だけが狩りの動機ではない、ということだろう。

また、チンパンジーは死んだ動物の肉も食べるけれど、そういうことは比較的少ない。ウシのなかまなどの死体があっても、その死体でしばらく遊ぶと、立ち去ったりする。もし、肉食の目的が栄養を得ることなら、ライオンやオオカミやハイエナのように、死肉も積極的に食べるはずである。

さらに言えば、チンパンジーが狩りの対象とする動物は、コロブスやガラゴのような小さなものがほとんどだ。武器を使って、大きなシカやウシのなかまを狩ることはない。

そもそもチンパンジーの食料全体のうちで、肉が占める割合は、ほんの少しだ。とはいえ、どのくらいの割合を肉が占めているかを、正確に知ることはむずかしい。大ざっぱな話しかできないが、食べている時間で測ると、肉が占める割合は１〜３パーセントぐらいである。しかも、なかにはまったく肉を食べないチンパンジーの集団もいる。それでも何の問題もないようだ。

チンパンジーは雑食と言われるが、ほとんど植物食に近い雑食だ。いっぽう、約２６０万年前以降の多くの人類は、肉食がかなりの割合を占めていたと考えられる。両者には大きな違いがあり、チンパンジー程度の肉食では、脳を大きくすることはできなかったと考えられる。

おそらく約２６０万年前より昔の人類も、つまり日常的に肉を食べるようになる前の人類も、チンパンジーぐらいは肉を食べていた可能性がある。木の道具を使って小さなサルを狩ることぐらいは、あったかもしれない。しかし、その程度の肉食では、脳を大きくすることはできなかったので、チンパンジーぐらいの大きさのままだったのだろう。

次は「人類の知能が類人猿を引き離した理由は、肉食だけか」という問題だ。これについて注目すべきものは「火」だ。

エネルギーを手に入れろ

少し整理しておこう。約７００万年前以降の初期の人類も、おそらく木の道具を使って、小さな動物を食べていたであろう。それに対する証拠はないけれど、現生のチンパンジーなどの観察から、そのように推測することができる。

人類が肉を食べた最古の証拠は、エチオピアで見つかった約３４０万年前の有蹄類《ゆうているい》の骨である。骨には石器で傷つけられた跡が残っており、おそらくアウストラロピテクス・アファレンシスの仕業だと考えられている（石器そのもので最古とされるのは約３３０万年前）。骨から肉を剝《は》がしたり、骨を割って骨髄を食べたりした跡だと考えられているが、どんな動物を食べていたのかはわからない。骨の大きさから考えると、ヤギやウシぐらいの動物を食べていたようだ。

しかし、アウストラロピテクスの腸は、植物食の動物のように長かったと考えられるので、肉が主食ではなかったはずだ。植物食が基本であったことは間違いないだろう。しかも、肉を食べるときも、おそらく現生のチンパンジーのように生の肉を食べていたので、それほど消化の効率もよくなかったと考えられる。

アウストラロピテクスのような生活をしていれば、たとえ脳が大きいほうが有利であっても、実際にそういう進化は起きないはずだ。それは、大きな脳を維持するだけのエネルギーを手に入れられないからだ。

ある見積もりでは、アウストラロピテクスの脳には約４００億個のニューロン（神経細胞）があり（私たちヒトは約８６０億個）、それらを維持するために毎日7時間を食事に費やさなければならなかったという。もしもアウストラロピテクスが、何もしなくても食事が出てくるような優雅な生活を送っていたなら、食事の時間が長くても問題ないだろう。しかし、実際のアウストラロピテクスには、食料を探す時間も必要だった。

食料を探すのにどれくらい時間がかかったのかはわからないけれど、食事をするのと同じかそれ以上の時間はかかっただろう。もしかしたら、１日のうち３分の１は寝て、３分の１は食事をして、そして残りの３分の１で食料を探していたかもしれない。そうであれば、これで限界だ。１日は24時間しかないのだ（しかも細かいことを言えば、アウストラロピテクスの時代の１日は、24時間より少し短かった）。だから、これ以上たくさんの食事を食べることはできない。すでにアウストラロピテクスの１日のスケジュールは、食事のためにいっぱいになっているからだ。

もちろん、この見積もりは大ざっぱなものなので、あまり具体的な数字を問題にする意味はないだろう。しかし、たまには生の肉を食べたとはいえ、基本は植物食だったアウストラロピテクスが、これ以上脳を大きくすることができなかったのは事実ではないだろうか。アウストラロピテクスが脳を大きくするためには、何かを変えなければならなかった。

ついに脳が大きくなり始める

さきほど述べたように、アウストラロピテクス・アファレンシスの時代から石器は使われていたものの、石器が広く普及し始めたのは２６０万年前以降のようである。

エチオピアで約２５０万年前のウシやウマの骨がいくつも見つかり、それらには鋭い刃の石器でつけられた傷がついていた。そして、その近くの同じ地層から人類の化石が発見され、アウストラロピテクス・ガルヒ（約２７０万〜２５０万年前）と命名された。そこで、これらの石器を使用していたのは、アウストラロピテクス・ガルヒであると解釈されている。

アウストラロピテクス・ガルヒの脳は約４５０ccと小さく、上顎《うわあご》もかなり前に突き出しているので、アウストラロピテクス属に分類されている。しかし、脚はホモ属のように長く、身長は１・４メートルぐらいある。犬歯もホモ属並みに小さいので、ホモ属につながる系統だった可能性がある。

最古のホモ属の化石は、アフリカ南東部のマラウィで見つかった下顎である。種は特定されていないが、約２５０万年前のものとされている。また、エチオピアで見つかった約２３０万年前のホモ属の上顎は、これも種は特定されていないが、多くの石器と一緒に産出した。

初期のホモ属としては、ホモ・ハビリス（約２４０万〜１３０万年前）が有名である。ホモ・ハビリスの脳を見てみると、ケニアで発見された約１９０万年前のホモ・ハビリスは５０９ccだった。また、タンザニアで発見された約１８０万年前の化石は６８０ccだった。

大ざっぱな傾向としては、だいたい２６０万～２５０万年前頃に石器が普及し、そのころにホモ属が現れ、脳が大きくなり始めたと考えてよさそうだ。石器が普及することによって、日常的な肉食が可能になり、脳を大きくすることができたということだろう。

ホモ・エレクトゥスの出現

そして約２００万年前になると、アフリカでホモ・エレクトゥスが現れた。初期のホモ属より顎や臼歯《きゅうし》が小さくなっており、脳も明らかに大きくなっていた（ホモ・エレクトゥスの脳は変異が大きいが、全体の平均は１０００ccぐらいだ）。

約１８０万年になると、ホモ・エレクトゥスの一部はアフリカから出て、ユーラシアへと進出した。ジャワ島では数万年前まで生きていた可能性が高く、多くの人類種のなかでも非常に繁栄した種と言える。

ホモ・ハビリスは、手が長いことなど樹上生活にも適応した特徴を持っていた。まだ夜には、樹上で寝ていたのかもしれない。しかし、ホモ・エレクトゥスになると完全に木から下りて、夜も地上で寝ていた可能性が高い。

ホモ・エレクトゥスは大柄な人類で、身長が１７０センチメートルぐらいあり、個体によっては１８０センチメートルを超える者もいたようだ。いっぽう、ホモ・ハビリスの場合、保存のよい全身骨格が発見されていないので、身長はよくわからない。しかし、ホモ・エレクトゥスより低いことはたしかだろう。ホモ・エレクトゥスが地上で暮らせるようになった理由の一つは、この体の大きさだと考えられる。

もちろん、体が大きくなったとはいえ、ホモ・エレクトゥスも大型肉食獣には敵《かな》わなかっただろう。1対1で正々堂々と闘えば、負けて食べられてしまったに違いない。しかし、肉食獣との闘いは、いつも1対1で正々堂々と行われるわけではない。

獲物が大きな群れをつくっていると、肉食獣も襲うのをためらう傾向がある。仮にホモ・ハビリスが獲物の場合、ホモ・ハビリスが10人以上いれば、肉食獣も襲うのを諦めるとしよう。しかし、ホモ・エレクトゥスが獲物の場合は、５人以上いれば諦めるかもしれない。ホモ・エレクトゥスは体が大きいので、襲うのにより多くの労力が必要だからだ。また、肉食獣が獲物を襲った場合でも、獲物の抵抗があまりに激しいと、肉食獣が途中で諦めてしまうこともある。そういう場合、ホモ・ハビリスよりもホモ・エレクトゥスのほうが、助かる可能性が高い。体が大きいほうが激しく抵抗できるからである。

また、走る速さも重要だろう。たとえば、こんな話がある。

二人の男が、クマに追いかけられている。男たちは必死で走っているものの、クマのほうが速いので、みるみるうちに距離が縮まってくる。そこで、一人の男がこう言った。

「もう、ダメだ、諦めよう。所詮、クマより速く走るなんて無理なんだよ」

すると、もう一人の男が答えた。

「いや、諦めることはないさ。だって、クマより速く走る必要なんてないじゃないか。君より速く走ればいいだけさ」

たとえ肉食獣より速く走ることができなくても、走って逃げて助かることはある。途中で肉食獣が転ぶかもしれないし、間一髪で岩の割れ目に身を隠すことができるかもしれない。とにかく、少しでも走るのが速いほうが、助かる確率も少しは高くなるのである。

前にも述べたけれど、肉食獣から完全に身を守る必要はない。肉食獣に襲われる可能性が低くなれば、草原に進出することができるのである。

ヒト以外の動物も火を使う

草原に進出するにあたって役に立ったことと言えば、体の大きさに加えて、火の使用が挙げられる。火を使えば、ある程度は肉食獣から身を守ることができただろう。

ただし、火を利用する動物はいくつかいるので、すべての動物が火を恐れるわけではない。とはいえ、火そのものは非常に温度が高くて危険なものであることに間違いないので、ある程度は肉食獣から身を守るために使えたはずだ。

オーストラリアに棲むトビなどの猛禽類《もうきんるい》には、火を使うものがいる。野火から、火のついた枝を嘴《くちばし》でくわえて別の場所まで運び、草むらに落として火事を起こすのである。火事が起きると、小さな哺乳類やトカゲなどが飛び出してくるので、それらを狙って狩るためらしい。

また、下草などが燃えてなくなれば、上空から見ても動物たちの姿が露《あら》わになる。それは猛禽類の狩りにとって好都合に違いない。ただ、火の勢いをコントロールすることはできないため、ときには延焼して山火事になってしまうこともあるようだ。

オーストラリアでは、人間が起こした焚火《たきび》に近寄って、燃えている枝を持ち去る鳥が目撃されている。おそらく、これらの猛禽類は、自然火だけでなく、人間が起こした火も利用しているのだろう。また、先住民の伝説にも火を運ぶ鳥の話があるので、かなり前からこういう行動は行われていたらしい。はっきりした証拠はないけれど、おそらくこれは文化と呼んでもよいもので、世代から世代へと継承されてきたと考えられる。

アフリカのサバンナでも、野火《のび》が起きるとチーターや猛禽類が集まってきて、炎におどろいて飛び出してきた小さな哺乳類や鳥を襲うことが知られている。チンパンジーも野火が起きるとわざわざ近づいていき、燻《いぶ》された豆を食べることがあるようだ。アフリカでは、オーストラリアの猛禽類のように火を運んだりするものはいないようだが、火を恐れずに利用する動物はけっこういるということだろう。

また、愛知県犬山《いぬやま》市の日本モンキーセンターでは、焚火にあたって暖を取るニホンザルがいる（ただし焚火は人間が起こしたもの）。

さらに、カンジと呼ばれる飼育下のボノボは、木の枝を集めてマッチやライターで火を点け、焚火を起こす。枝に刺したマシュマロを、その焚火で焼いて食べたり、水で火を消したりもするようだ。

このように、決して多くはないものの、火を利用する動物は自然界にもいる。飼育下の動物も含めれば、さらにその数は増える。そうであれば、おそらく初期の人類も、火を利用する能力は潜在的に持っていたと考えられる。

人類が火を使用した可能性がある遺跡はいくつか見つかっている。南アフリカのスワルトクランス洞窟の１５０万～１００万年前のものとされる堆積《たいせき》層からは、焼けた獣骨《じゅうこつ》が発見されている。

ただし地球上では、山火事や野火がしょっちゅう起きている。その多くは落雷によるものだ。じつは樹木というものは燃えにくく、落雷そのもので樹木に火が点くことは滅多にない。しかし、樹木の周りにある乾燥した草や小枝は火が点きやすいので、そちらから発火するようだ。

したがって、焼けた獣骨が見つかっただけでは、人類が火を使った証拠にはならない。だが、自然現象による火で獣骨が焼けたのであれば、それは洞窟のあちこちで見つかるはずだ。しかし、スワルトクランス洞窟の場合は、焼けた獣骨は洞窟内の数か所に集中していたので、おそらく人類が火を管理していたのだと考えられる。ちなみに洞窟からは、石器や人為的に切られたと思われる骨なども見つかっている。

また、東アフリカでも、人類が火を使用した証拠がいくつも見つかっており、そのなかでもっとも古いものはトゥルカナ地方の１８０万年以上前のものと考えられている。

これらの火を使用していた人類は、おそらくホモ・エレクトゥスと考えられる。もちろん、ホモ・エレクトゥスより古い人類も、火を利用していた可能性は高い。野火が起きれば、チーターのように、そこから逃げ出してくる獲物を捕まえることはあったかもしれない。燻された豆を食べることもあったかもしれない。しかし、日常的に火を管理して、生活に役立てるようになったのは、ホモ・エレクトゥスの時代からと考えられる。それを示す直接的な証拠はないけれど、間接的な証拠がいくつかあるからだ。

火を使うことのメリット

ホモ・エレクトゥスの腹部は、以前の人類に比べて細くなっていた。それは、腸が短くなっていたことを意味する。

私たちは食物を食べて栄養を吸収するときには、食物を消化する必要がある。「消化する」というのは「小さくする」ことだ。たとえば、タンパク質はアミノ酸がたくさんつながったものだが、このままでは腸壁を通らない。そこでタンパク質を分解して、バラバラのアミノ酸にする。そうしておいてから、アミノ酸を一つずつ、腸壁を通過させるのである（ただし、アミノ酸が三つぐらいまでなら、何とか通過できるようだ）。

火で調理することによって、食物は柔らかくなることが多い。すると、消化するのが楽になるので、腸が短くてすむのである。腸が短くなれば、腸を動かすためのエネルギーも少なくてすむ。すると、そのエネルギーを脳に回すことができる。葉を食べるサルより果実を食べるサルのほうが脳を大きくできたように、生の肉を食べる人類よりも調理した肉を食べる人類のほうが脳を大きくできたに違いない。

さらに、火で調理することによって、寄生虫などを殺すこともできる。生の肉を食べるより火で調理した肉を食べるほうが衛生的なので、火を使ったほうが健康で長生きで、子孫も増えていっただろう。

また、消化の第一段階は歯で噛むことだが、火で調理することによって、この咀嚼《そしゃく》する時間を大幅に減らすことができる。

現在の狩猟採集民が食物を噛んでいる時間は1時間以下だが、類人猿は短くても5時間で、通常はもっと長い。さきほどは、アウストラロピテクスが食事に7時間ぐらいかけていたという見積もりも紹介した。つまり、類人猿やアウストラロピテクスは忙しいのだ。しかし、日常的に肉食をするようになり、しかも火で調理するようになったホモ・エレクトゥスには、ひまができた。そこで道具をつくったり、火の番をしたり、さらに多くの食物を探したりできるようになった。もしかしたら定住するための宿営地もつくったかもしれない。

それ以外にも、火を使うメリットはある。たとえば、草原の夜は冷える。しかし、火を使えば、体を温めることができたはずだ。そして、火を囲んで腰を下ろせば、情報や食料を交換したり、火の管理を分担したりして、社会的な交流が促進された可能性がある。もしかしたら、言語も発達したかもしれない。

もし、このような行動をする個体が、そうでない個体より有利であれば、このような行動をする個体が自然淘汰によって増えていったはずだ。そして、もし脳が大きいほうが、このような行動をうまくできるとすれば、自然淘汰によって脳が大きい個体が増えていっただろう。

ホモ・エレクトゥスは、これらの火を使う人類の特徴を備えている。火で調理した肉を食べていたと考えれば、腸が短くて顎の筋肉も小さくなっていることを説明できる。火を焚いて身を守ったり暖を取ったりして夜も草原で寝ていたと考えれば、木登りに適した特徴を失っていることも説明できる。そして、火で調理した肉を食べて多くのエネルギーを得たり、焚火を囲んで社会的な交流が促進されたりしたと考えれば、大きな脳が進化し、かつ維持されていたことを説明できる。

ホモ・エレクトゥスの最古の化石はおよそ200万年前のものなので、だいたいそのころに日常的な火の使用が始まったのだと考えられる。

ところで、火を使うことによって、社会的な交流が促進された可能性があると述べたが、霊長類では群れのサイズが大きいほど、知能が高くなるという研究がある。群れのなかで多くの個体を識別したり、群れのなかの順位のような社会構造を理解したりすることが知能の発達を促したというのである。

これを社会脳仮説と言うが、この仮説は類人猿には（したがって、おそらく人類にも）当てはまらないようである。なぜなら、だいたい同じサイズの群れをつくっていても、類人猿の脳は他の霊長類の脳よりずっと大きいからだ。さらに言えば、単独で暮らすことが多く、滅多に他の個体と交流しないオランウータンが、あれほど高い知能を持っていることも説明できない。類人猿や人類の脳が大きくなったことに関しては、群れの大きさは（無関係ではないにしても）あまり効いていないのだろう。

どうやって火を手に入れたか

どんな生物でも、生きるためにはエネルギーが必要である。そのために、植物は光合成をしたり、動物は他の生物を食べたりする。こういうことをするのは一苦労だが、生きるためには仕方がない。ところが人類は、この苦労を大幅に減らすことに成功した。それが、火の使用だ。

火で調理した食物は消化しやすい。それは、火が、胃腸の仕事を代わりにしてくれることを意味する。つまり火は、体の外にある胃腸なのだ。

多くの生物はエネルギーを得るために、自分の体のなかで忙しく仕事(光合成や消化など)をしている。ところが人類は、仕事の多くの部分を外部委託してしまった。そのため、自分で自由に使える時間やエネルギーを手に入れることができたのである。

脳はエネルギーを食う器官だし、脳を使って新しいことを試すには時間も必要である。したがって、脳を大きくするためには余裕が必要だ。生きるために精一杯で、かつかつの生活をしていては、脳を大きくすることはできない。人類の知能が類人猿のそれを引き離して、より高いレベルに達することができたのは、火のおかげと言っても過言ではないだろう。

ちなみに人類は、どうやって火を手に入れたのだろうか。現在の狩猟採集民は、木の棒どうしを擦《す》り合わせて熱を発生させる方法か、火打石《ひうちいし》どうしをぶつけて火花を起こす方法を、よく使うようだ。アフリカのハッザ族の場合は、平たい板に溝を彫り、そこに木の棒の尖らせた先を押し当てて、両手で挟んで回転させる。棒にひもを巻きつけて、手のひらを使わずに回す場合もあるようだ。

約２００万年前の人類がそれらを行っていたかどうかは、証拠がないので何とも言えない。ともあれ最初は、火を利用する猛禽類などのように、人類も自然に発生した火を利用していたのだろう。

いったん燃えている火を手に入れれば、それを燃やし続けることはそれほど難しくない。くすぶっている丸太の火を絶やさないようにできれば、夜になったら火を大きくして肉食獣から身を守ることもできただろう。移動するときも、くすぶっている丸太を持って移動すればよい。実際、オーストラリアのアボリジニも、くすぶっている丸太を持って移動することがある。

参考までに述べておくと、フランスに住んでいた6万〜4万年前ごろのネアンデルタール人は、二酸化マンガンを使って簡単に火を起こしていた可能性がある。木片に二酸化マンガンを混ぜると、木片の発火温度が下がって簡単に火が点くのである。まあ、これは、かなり後の時代の話だけれど。

第2部
進化にとって意識とは何か

第8章　不可解な脳

コンピュータと魚の意識

知性について語っていると、つい忘れてしまいがちなのは「意識」である。しかし、私たちにとって、意識ほど重要なものはない。意識的に経験できることが、私たちのすべてであり、もしも意識がなければ、あと百年生きようが千年生きようが、少しも嬉しくないだろう。

こんなに大切な意識をなぜ忘れてしまうかというと、「意識は知性と強く結びついている」というイメージのためではないだろうか。たとえば、「知性がどんどん高くなって、ある閾値《いきち》を超えると、意識が自然に発生する」といったイメージだ。ＡＩ（人工知能）がどんどん進歩していくと、ある時点で意識を持つようになるのではないか、と恐れる人もいるけれど、そういう人はこういうイメージを持っているのだろう。しかし、そのイメージは正しいだろうか。

情報処理の能力という意味なら、すでにコンピュータがヒトを超えていることは明らかである。近未来には、あらゆる意味で、ヒトの知性を超えるコンピュータがつくられるかもしれない。しかし、それらのコンピュータに意識がない可能性は、かなり高い。その理由は後で改めて述べるけれど、とりあえずここでは、「コンピュータには意識がない」と仮定しておこう。その場合は、知性が高くなったからといって、意識が生じるとは限らないことになる。

また、別の方面からも、知性と意識の関係についてのヒントが示されている。それは魚にも意識がある可能性だ。大阪市立大学の幸田正典は、ある熱帯魚が鏡を見ることによって自分の体についた寄生虫を取り除こうとする行動を確認した。その他のさまざまな証拠も合わせて、幸田は魚が鏡に映った姿を自己と認識できると主張し、そこから魚にも意識がある可能性について述べている。

さらに、別の研究では、昆虫のショウジョウバエが、痛みを感じているような反応をすることが報告され、昆虫の意識について検討されている。もし、魚や昆虫にも意識があるなら、意識が生じるためには、それほど高度な知性は必要ないことになる。

知性と意識の関係について確実なことは言えないけれど、両者は別のものと考えたほうがよいだろう。おそらく知性は意識がなくても存在できるし、意識のほうも、一定レベルの知性さえあれば、それほど高度な知性がなくても存在できる可能性がある。それでは、意識について考えてみることにしよう。

「生きている」という実感

まだ私が学生だったころの話だが、集中力に関する本を読んだことがあった。どうすれば集中力を高められるかといった内容の本で、読んでもあまり役に立たなかった記憶がある。それはともかく、その本には、集中力を高めると人生が豊かになるとか、こんなによいことがあるとか、そんなことがいろいろと書いてあった。

そのなかで、こんな一節があった。集中力が高くなると、没我《ぼつが》の境地に至る。他のわずらわしいことを一切考えることなく、仕事や勉強だけに集中して、気がつくと数時間が経っている。そして、仕事や勉強は大いに進んでいる。人生において、こんなすばらしいことがあるだろうか、とその本は謳《うた》っていた。でも、私はこの一節を読んで、素直に共感することができなかった。

私たちが、生きたいとか死にたくないとか思うのは、意識がなくなるのがいやだからだろう。意識というのは難しい概念だが、一応「意識のある生き物にとって、その生き物であると感じられるもの」つまり「内的な主観的経験」だとして、話を進めよう。

一般に「生きている」というのは、この意識が連続しているイメージで、「死ぬ」というのは、「意識が永遠になくなる」イメージだ。意識が完全に失われた脳死状態であれば、たとえ体は生きていても、本人としては「死んでいる」状態だろう。もちろん、生きているあいだにも、睡眠などで意識が中断することはある。でも、その場合は、睡眠の前後で意識がつながっているような気がするので、生き続けている感じがするのだろう。

つまり、「生きている」と実感するためには、意識があることが重要なのだ。ところが、集中力が高くなって没我の境地に至った状態は、意識がない状態に近いのではないだろうか。「集中して勉強したあと、ふと我に返ると数時間も経っていた」の「ふと我に返る」というのは、意識がない状態からある状態に戻ったイメージに近い。

また、集中してピアノを弾《ひ》いているときも、指の動きを意識していることは、まずないだろう。練習の結果、指が意識から離れて自動的に動くようになっていなければ、難しい曲を弾くことはできない。指の動きを意識しているのは、ピアノが下手な人か、あるいは

ピアノの演奏に集中しているとき、指の動きは意識されていない
写真：west / PIXTA（ピクスタ）

失敗したときだろう。

　ところが、じつはこれは、それほど集中していないときでも、何か行動をしていれば、かならず陥《おちい》る状態だ。

　たとえば編み物をしていれば、編み棒に毛糸をかけて、押したり引いたりする。そのあいだは、ピアノの演奏ほどは集中していないとしても、多少は自動的に指が動いているはずだ。逆に考えれば、完全に意識がある状態というのは、何もしないで、のんびりしている状態ではないだろうか。

　そういうわけで、私はこんなことを思っている。

「がんばって何かをすれば、その分、人生（＝意識）は手のひらから零《こぼ》れ落ちていく。生きていることを満喫するためには、のんびりしているのが一番である」

これは人の生き方として間違っているかもしれないけれど、一片の真実も含んでいるような気がしてならない。

デカルトはどう考えたか

少し昔の話になるが、フランス生まれの哲学者であるルネ・デカルト（1596〜1650）は、意識や知性を含む精神と、肉体を別々のものと考えていたようだ。

デカルトは動物を、意識のない機械のような物体と捉えていた。たとえば、心臓は熱を持っているので、血管から入ってきた血液は温められて膨張し、その結果、心臓を膨張させると考えた。これは心臓の説明としては間違っているけれど、とにかくデカルトは、動物を熱機関のような自動機械とみなしていたわけだ（とはいえ、デカルトは犬を飼っていて、とてもかわいがっていたらしい。その犬のことも自動機械と考えていたのだろうか）。

しかし、デカルトも、人間だけは自動機械ではないと考えていた。人間は、二つの点で、他の動物とは明確に区別できるからだ。

その一つは、言語の使用だ。もちろんロボットのような自動機械にも、ある刺激を与えると言葉のような音を出すようにつくることはできる。しかし、いろいろなことを語りかけたときに、そのすべてに対して、単語を適切に配列して答えることはできない。

二つ目は、無数の適切な行動だ。ロボットのような自動機械は、決まった種類の行動に関しては、すばらしく巧みに行うことができる。しかし、他のいろいろなことを行うことはできない。たとえば、ネジを締めるロボットは、人間よりもずっと速く正確にネジを締めることができるけれど、２枚の紙を糊《のり》で接着することはできない。

つまりデカルトは、言語にせよ行動にせよ、無数の状況に対応するような仕組みを、一つのロボットに組み込むことはできない、と考えていたようだ。無数の状況に対応する仕組みは、とうぜん無数にある。それらをすべてロボットに組み込んだら、ロボットは無限に大きくなってしまう。

ところが人間は、一定の大きさの体しかないのに、無数の状況に対応することができる。そういう行動は、物質的な仕組みで説明できない以上、非物質的なものから生じてくると考えざるをえない。それが精神である。人間は肉体のほかに精神も持っているので、たんなる自動機械ではない、とデカルトは言うのである。

エリーザベトの疑問

デカルトはオランダに住んでいた47歳のとき、親しい弟子ができた。ドイツのプファルツ＝ジンメルン家の公女、エリーザベト・フォン・デア・プファルツ（１６１８〜１６８０）だ。エリーザベトの父であるプファルツ選帝侯フリードリヒ5世は、ボヘミヤ王に擁立《ようりつ》されたために三十年戦争に巻き込まれ、家族とともにオランダに亡命していたのである。

エリーザベトは兄弟姉妹のなかでもとくに学問に熱心で、7か国語を理解し、数学も学んだらしい。デカルトのもっとも熱心な弟子の一人であり、後にヘルフォルト女子修道院の修道院長になった女性である。デカルトはこの王女に献じた『哲学の原理』の献辞に、「私の公けにした論文のすべてを完全に理解したのは王女ひとりである」（『デカルト』野田又夫、岩波書店、１９６６年）と書いたという。この王女とのやりとりのなかで、デカルトは心身問題に興味を持ったようだ。

精神と肉体は別のもので、基本的には関係のないものだと、デカルトは考えていた。しかし、肉体に変化が起きる（たとえば怪我をする）と、精神にも変化が起きる（痛みを感じる）ことは事実である。また、精神に変化が起きる（たとえば手を上げようと考える）と肉体にも変化が起きる（手が上がる）こともある。したがって、精神と肉体は、どこかでつながっているはずだ。デカルトは、そのつながりを間脳（１４３ページ参照）のなかの松果体《しょうかたい》という部分に見出した。

デカルトは以下のように考えた。人間が何かを見ると、右眼と左眼で別々の像を結ぶ。それらが一つの像に重なり合わなくては、ものをきちんと見ることはできない。それが重なるところが、脳のなかにある共通感覚器官である。この共通感覚器官には、感覚神経だけでなく運動神経もつながっており、それらのなかを動物精気という微細な粒子が流れている。

この動物精気の流れが感覚と運動を結びつけ、さらに動物精気の量を調節することによって手を動かしたり足を動かしたりするのである。この共通感覚器官が松果体である、というのがデカルトの意見であった。

この共通感覚器官に関するデカルトの意見は間違っているけれど、とにかくデカルトは、松果体において、精神と肉体は合一しており、ここから言語の使用や適切な行動が生じる、つまり人間らしさが生まれると解釈した。しかし、エリーザベトは、この解釈が判然としなかったようだ。

精神と肉体がまったく異なる2種の存在であれば、どうして精神が肉体に働きかけることができるのか。もし働きかけることができるのなら、その精神も物質的存在でなければならないのではないか。エリーザベトはそういう疑問を持ったのである。精神と肉体のあいだで「存在様式の違い」と「相互作用」が両立することは矛盾ではないか、という疑問は、ニコラ・ド・マルブランシュ（１６３８〜１７１５）やバールーフ・デ・スピノザ（１６３２〜１６７７）などの哲学者をはじめ、多くの人が述べているが、最初に指摘したのはエリーザベトらしい。

しかし、デカルトは、それらが両立することを矛盾とは考えていなかった。どうもデカルトは、精神と肉体が異なる２種の存在である、という単純な二元論を唱えたわけではないようだ。

たとえば、デカルトは、精神のなかで葛藤《かっとう》は起こらないと考える。「お金を盗みたかったけれど、その欲望を理性で抑えた」というような状態でも、精神のなかで欲望と理性が対立していたとは考えない。精神はただ一つである。欲望は肉体から生じるので、こういう状態は精神と肉体の相互作用と捉えるべきだ。具体的には、動物精気の流れと流れがぶつかっている状態だと、デカルトは解釈していたようだ。

このあたりのデカルトの考えは（少なくとも私には）わかりにくいが、エリーザベトの疑問はわかりやすい。精神と肉体はまったく異なるものに思えるのに、なぜ相互作用をするのだろうか。それを考えるために、哲学的ゾンビについて検討してみよう。

哲学的ゾンビは存在するか

哲学的ゾンビは、オーストラリアの哲学者であるデイビッド・ジョン・チャーマーズ（１９６６〜）によって、有名になった概念である。

ゾンビというと、ホラー映画によって広まった恐ろしいイメージを思い浮かべるかもしれない。ゾンビというのは一度死んでから蘇《よみがえ》った人間で、体の一部が腐敗した不気味な姿をしている。もしゾンビに噛みつかれたら、その人もゾンビになってしまう。

しかし、哲学的ゾンビは、そういうゾンビとは全然違う。見た目はただの人間だ。なぜなら、哲学的ゾンビとは、形態から体内の活動までまったく人間と同じだが、意識を持たない存在のことだからだ。

たとえば、私（更科）とまったく同じ哲学的ゾンビを考えることもできる。その哲学的ゾンビは、見た目も行動の仕方も完全に私と同じなので、たとえ家族であっても、それが私ではなくて哲学的ゾンビであることに気づくことはない。それにもかかわらず、哲学的ゾンビには意識だけがないのである。

ただし、哲学的ゾンビは、精巧につくられた人間型アンドロイドのようなものとは異なる。人間型アンドロイドも、ふつうに会話ができたり、なめらかに動けたりすれば、周囲の人たちも、それがアンドロイドだと気がつかないかもしれない。しかし、もしアンドロイドを分解すれば、それが人間でないことがすぐにわかるだろう。

いっぽう、哲学的ゾンビは、いかなる物理的な観測によっても人間と区別がつかないものである。もちろん、脳の神経細胞やその反応も、人間と同じである。したがって、人間型アンドロイドは、哲学的ゾンビではない。

また、クローンも哲学的ゾンビではない。クローンというのは、遺伝情報がまったく同じ生物や細胞などのことだ。遺伝情報はＤＮＡだけでなくヒストンなどのタンパク質にもたくわえられる。だから、人間のクローンは、ＤＮＡやヒストンなどの状態がまったく同じ人間のことである。

しかし、人間は、成長の過程で可塑《かそ》性があるので、たとえＤＮＡやヒストンなどのタンパク質の状態がまったく同じであっても、同じ人間にはならない。また、成長の過程でＤＮＡやヒストンなどの状態も変化していく。しかも、そもそもクローン人間には（たぶん）

意識があるので、哲学的ゾンビではない。

この哲学的ゾンビからは、さまざまな議論が展開されているが、ここではそのなかの二つに注目しよう。一つは、哲学的ゾンビに似たものは私たちの体の中に実在する、という議論で、もう一つは、哲学的ゾンビは存在しない、という議論だ。

体のなかのゾンビ

すべての生物に意識があるわけではない。たとえば、細菌に意識があるとは思えない。これは直感的なイメージだけでなく、他の生物と比較することによって、ある程度は推測することができる。

私たちは人間である。そして生きている。生きているからには、体のなかで莫大な数の活動や化学反応が起きている。たとえば、心臓は、適切な速さで拍動を続けて、血液を体のすみずみまで送り届けている。その他にも、胃腸、肝臓、腎臓など、本当にいろいろな臓器がさまざまな働きをこなしている。

だからこそ、私たちは生きていくことができるのだが、これらの臓器の動きが意識に上ることはほとんどない。もし気絶して意識を失っていても、体が健康なら、これらの臓器はきちんと動き続け、私たちの生命を維持してくれる。

つまり、今さら言うまでもないかもしれないが、生きるためにはかならずしも意識は必要ないということだ。私たちの体のように複雑な構造を維持するためにも意識がいらないのであれば、細菌に意識がなくても何の不思議もないだろう。

これらの、意識の光が及ばない体内の運動は、正確には哲学的ゾンビではないけれど、複雑な動きをするにもかかわらず意識がない、という点では哲学的ゾンビに似ている。そして、こういうゾンビは、私たちの生命活動のほとんどを占めている。

数字にして表すことは難しいけれど、イメージとしては生命活動の99パーセント以上は、こういうゾンビが行っているのではないだろうか。生命活動のなかで、私たちの意識に上る部分は、ほんのわずかなのだ。

つまり私たちは、すばらしく有能なゾンビという召使いたちと暮らしているようなものだ。召使いたちが面倒な仕事をしてくれるおかげで、私たちはのんびりと暮らすことができるのだ。

もしも召使いがいなかったら、たいへんだ。体のなかの臓器などの運動を、すべて私たち自身が意識して行わなければならない。

「え～と、左心室の力を抜いて血液を入れて、それから右心室を……いや違った、右心室は左心室と一緒に力を抜いたのだから、もう右心室にも血液が入っているんだった。で、次は……あっ、胃の下側の幽門《ゆうもん》が開きそうだ。まだ食べたものを腸に送るには早いから、閉めておかないと……胃の壁《へき》細胞から胃酸の分泌が少ないのかな？　……もっと分泌しないと、腸には送れないぞ……ああっ、息が苦しくなってきた。早く横隔膜《おうかくまく》を下げて、肺に空気を入れないと……」

こんなことをいちいち意識していたら、忙しくて仕方がない。私たちは、朝から晩まで、一瞬たりとも気を抜くことはできないだろう。いや、それどころか、眠ることすらできない。眠ったら、心臓も呼吸も止まってしまうので、たちまち死んでしまうからだ。

私たちは、ゾンビという召使いがいないと、生きていけない。ゾンビが心臓などをきちんと動かしてくれるおかげで、私たちは生きていけるのだ。私たちの体のなかには、こういうゾンビたちがたくさん住んでいる。ところが、よく考えてみると、ゾンビたちが住んでいるのは、体のなかだけではない。私たちの頭のなかにも、たくさん住んでいるのである。

頭のなかのゾンビ

さきほど、ピアノを弾いているときの、指の動きの話をした。そして、指が意識から離れて自動的に動くようになっていなければ、難しい曲を弾くことはできないだろうと述べた。

しかし、召使いのゾンビが働いているのは、そういう練習の必要な、難しい行動だけではない。椅子から立ったり座ったり、あるいは瓶の蓋《ふた》を開けたり閉めたりといった日常的に行っている行動においても、召使いのゾンビはつねに働いている。

もちろん、歩いているときもそうだ。私たちが家から駅まで歩くときに、足の動きをいちいち意識している人はいない。歩き始めるときに、左右の足のどちらを先に出すかで悩む人はまずいないし、歩き始めてしまえば、自動的に足が動いて、体を前に運んでくれる。

足の動きを意識することもできるけれど、それは部分的かつ一時的なものだ。

「遅刻しそうだから、もう少し速く歩かないと」

そう思って、今までより足の動きを速くするときには、足の動きを意識することもある。でも、そのときでも、足の動きのすべてを意識するわけではない。歩くときには多くの筋肉が関わっているけれど、意識できるのは、そのほんの一部にすぎない。

しかも、しばらくすれば、たいてい私たちは足のことなど忘れて、他のことを考え始めてしまう。「8時の電車に間に合うだろうか？」とか「こんなに速く歩いたら、汗をかいてしまうな」とか、そんなことを考え始める。そのときには、もう足の動きについては、ゾンビに丸投げになっているのである。

脳は四つに分けられる

ここで、脳の構造について、簡単にまとめておこう。

脳はおもにニューロンと神経膠《こう》細胞（ニューロンをサポートする細胞）からできているが、脳の働きの主役を担っているのはニューロンである。ニューロンは電気信号を発生したり化学物質を分泌したりして情報をやり取りする細胞で、神経細胞とも呼ばれる。このニューロン同士がつながり合って、複雑なネットワークを形成している器官が脳ということになる。

私たちの脳は、四つの部分に分けられることが多い。大脳、間脳、小脳、脳幹である。間脳は、大脳の内側に位置しており、脳幹は間脳の下側、小脳は脳幹の後ろ側に位置している。

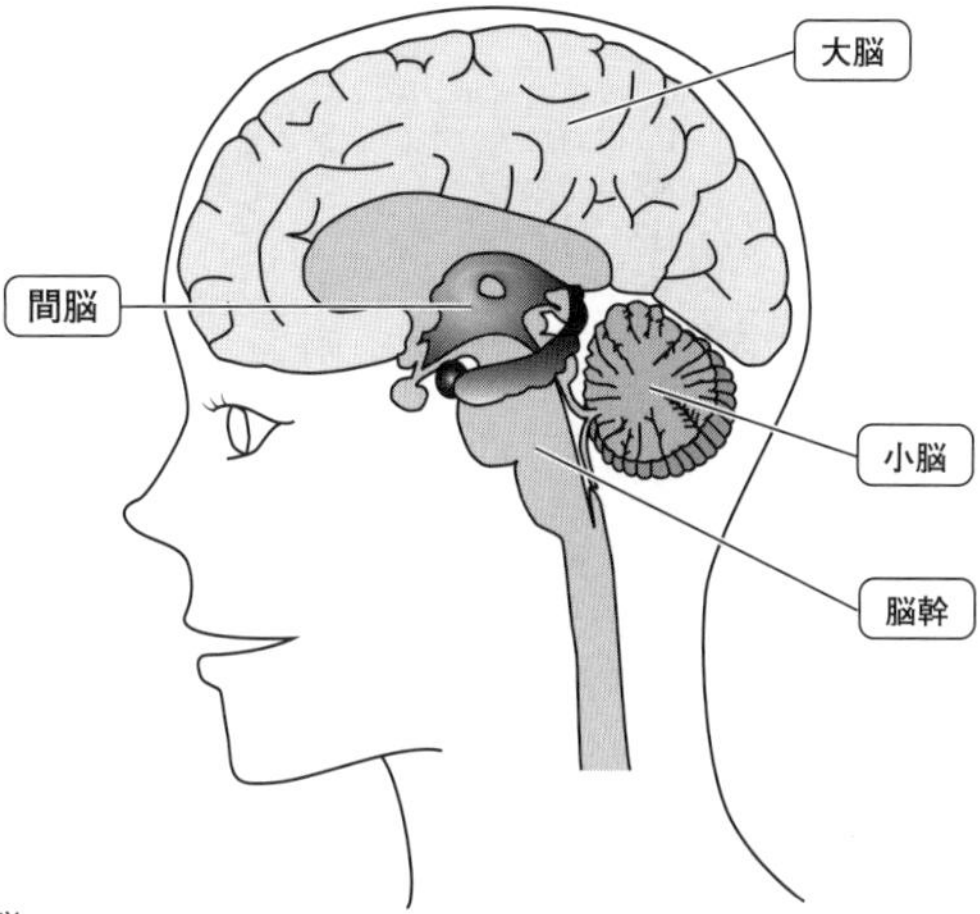

ヒトの脳

大脳は、重量で脳全体の約80パーセントを占め、左右の大脳半球とそれらをつなぐ脳梁から成る。大脳の表面には膨らんだ部分（回《かい》）と凹んだ部分（溝《こう》）があり、溝のなかでもとくに明瞭な溝を境界として、大脳は前頭葉、頭頂葉、側頭葉、後頭葉に分けられる。

大脳の表層の部分はやや灰色がかった大脳皮質、それより深い部分は白っぽい大脳髄質である。大脳皮質でも大脳髄質でもニューロンが重要な働きをしているが、ニューロンの配置が異なる。ニューロンは、細胞核のある細胞体と、電気信号が伝わる線維である軸索に分けられるが、大脳皮質には細胞体が、大脳髄質には軸索が多い。

大脳は下側が凹んでいるので、その部分で

は、大脳皮質が大脳の内側に入り込んだような形になっている。その入り込んだ大脳皮質の一部は海馬《かいば》と呼ばれ、記憶に重要な部位であることが知られている。

また、大脳髄質には基本的に軸索が多いのだが、深い部分には細胞体が集まった領域があって、大脳基底核と呼ばれている。大脳基底核は、不随意運動（自分の意思では制御できない運動）などに重要である。

ヒトでは大脳皮質が拡大して、頭蓋骨のなかに詰め込まれた布のように、しわくちゃになっている。そのため、大脳は手のひらに載るぐらいのサイズしかないが、その皮質を広げると新聞紙の一面ぐらいになる。

それに伴って、大脳皮質に密接につながっている他の組織も大きくなった。その典型が間脳の視床《ししょう》である。視床は脳の下のほうにあって、大脳に到達する情報の大部分は、まず視床に入る。大脳皮質の玄関口と呼ばれる所以《ゆえん》である。この視床も含めて、おもに皮質の部分が働くことによって、大脳が意識の発生に大きな役割を果たしていると考えられている。

いっぽう脳幹は、睡眠と覚醒を切り替えるスイッチとして働いている。したがって、意識の発生を調節しているけれど、意識の発生自体には関係ないらしい。視床や大脳皮質が重大な損傷を受けている場合でも、脳幹が無事ならば、昏睡《こんすい》を脱して覚醒することはある。

しかし、そういう場合、覚醒していても意識はないらしい。

意識に与える影響

見積もりの仕方によって多少の違いはあるが、私たちの頭蓋骨のなかには、およそ８６０億個のニューロンが存在すると言われている。

そして、その大部分（約99パーセント）は大脳と小脳に分布している。大脳には約１６０億個のニューロンが存在し、小脳には約６９０億個のニューロンが存在するのである。つまり、小脳には大脳の4倍程度のニューロンがある。意外な気もするが、大脳より小脳のほうが、ニューロンの数はずっと多いのである。

ちなみに小脳ではニューロン同士の距離が近いこととニューロンのサイズが小さいため、容積は大脳よりも小さくなっている。

この小脳に、がんが発生することがある。そして、やむなく小脳をすべて摘出する場合もある。脳全体の半分以上のニューロンをごっそり摘出されてしまったら、脳の働きのほとんどが失われてしまいそうに思える。

事実、そういう処置を受けた患者は、歩き方が大股でふらつくようになり、速くなめらかに動くのが難しくなる。運動機能に明らかな困難が生じる。それにもかかわらず、意識にはあまり変化が見られないのである。

形や色もふつうにわかるし、音や匂いや味や痛みなども以前と同じように感じるらしい。何かを考えるときにも思考はなめらかに進み、感情もとくに変わらずにあるようだ。

この事実は、大脳皮質が大きな損傷を受けると、意識がなくなることと対照的である。さらに言えば、大脳皮質の場合、部分的な損傷を受けた場合でも、意識に対して大きな影響が出ることが知られている。

たとえば、側頭葉の一部が損傷を受けると、聴覚が失われる。また、後頭葉の一部が損傷すると、視覚が失われる。損傷の受け方によっては、視覚の一部が失われることもある。眼で動きを捉えることができなくなるけれど、色は見分けられるとか、そんなことが起きるのだ。意識がなくなるわけではないけれど、意識が経験している世界が少しずつ失われていく。意識の世界に一つずつ穴があいて、消え去っていくのである。

考えてみれば、これは不思議な話である。もしも意識が、複雑な脳の産物ならば、なぜ小脳は意識を生みださないのだろう。しかし、不思議なことは他にもある。脳の活動に関しても、どうも辻褄《つじつま》が合わないのである。

第9章　意識を見つける

ニューロンの活動量と意識

かつては、睡眠中は、脳は休んでいる状態だ、と考えられていた。覚醒時には、ニューロンは眼や耳などから情報を得て、それを処理したり記憶したりして、必要ならば運動を指示して外部に働きかける。このように、覚醒しているときは、脳は働き続けているので、睡眠によって休みを取り、活力を取り戻しているのだ、というわけだ。

ところが、睡眠中も脳は活発に活動していることが明らかになった。これは、ルーマニアで生まれ、カナダで研究をしていたミルチャ・ステリアーデ（1924〜2006）の功績によるものが大きい。

ステリアーデ以前にも、脳が刺激を受けたときのニューロンの活動は研究されていたのだが、脳が刺激を受けないときのニューロンの活動は、あまり研究されていなかったのである。しかし、ステリアーデは、刺激を受けないときのニューロンの自発的な活動に注目した。そして、少なくとも電気信号を発する数で比べれば、睡眠中のニューロンも、覚醒時と同じぐらい活発に活動していることを明らかにしたのである。

睡眠の段階は、レム睡眠とノンレム睡眠に分けられる。レム睡眠は眼球の急速な運動を伴う睡眠で、脳内には周波数の高い脳波が現れる。この段階では夢を見ることが多いと言われている。ちなみに、レム睡眠のレム（ＲＥＭ）とは rapid eye movement の略である。

睡眠中に夢を見ているときにも、基本的には覚醒しているときと同じように、意識があると考えられる。実際にはありえないような奇妙なことが起きたり、本人もそれを奇妙と思わずに受け入れたりするけれど、そういう世界を経験している意識がある、という意味では覚醒中と変わらない。

レム睡眠をしていた人を起こして、夢を見ていたかと尋ねると、見ていたと答えることが多い。しかも、しばしばその夢は、まるで覚醒していたときのように鮮やかな感覚と豊かな感情を伴っている。

もういっぽうのノンレム睡眠は、周波数の低い脳波が現れるので、深い睡眠と考えられている。ノンレム睡眠のなかでも深い段階の睡眠をしている人を起こして、夢を見ていたかと尋ねると、見ていなかったと答える。しかも、起きた直後は、しばらく混乱状態に陥る。これも、深い段階のノンレム睡眠から目覚めたときの特徴である。

睡眠から目覚めた人の自己申告だけでは、夢を見ていたかどうかを確実に決めることはできない。夢を見ていたけれど、目覚めたら忘れてしまったのかもしれないからだ。とはいえ、数多くの証言があるので、夢を見るのがレム睡眠中である可能性は高いだろう。

夢を見ているときも意識があると解釈すれば、覚醒時やレム睡眠中は意識があり、ノンレム睡眠中は意識がないか、意識のレベルが非常に低いと言える。しかし、どの場合も、ニューロンが発する電気信号の数はあまり変わらないのである。

さらに言えば、全身麻酔によって意識が失われても、脳は活発に活動しているし、昏睡状態の患者が意識を回復しても、その前後で脳の代謝量は大して変わらない。どうやら脳あるいはニューロンの活動量と意識の有無のあいだには、あまり関係がなさそうである。

意識が低下しても、脳波は減少しない

ニューロンの活動量と意識のあいだには、あまり関係はなさそうだ。しかし、それはニューロンの活動をやみくもに測っているからではないだろうか。むしろ、ニューロンの活

動なら何でも意識と関係すると考えるほうがおかしいだろう。ニューロンの活動のなかで、意識と関係するのは、一部の特定の活動だけではないだろうか。

そういう意見のもとに、ニューロンの同期発火現象に注目が集まってきた。そして、「ニューロンの発火が同期することと意識のあいだには何らかの関係がある」という仮説が立てられた。上記の意見はもっともだし、この仮説に有利な観察結果も知られていた。ちなみに、ニューロンの発火というのは、ニューロンが電気信号を発することである。

脳の電気活動を測る方法の一つとして、脳波の測定がある。これは、頭皮などに複数の電極をつけて、脳の電気活動を測る方法だ。この方法を使って、意識のある人に、他の人の顔を見せると、脳のさまざまな場所で電気活動が見られることが明らかになった。

おそらく、顔のような複雑なものを認識するには、いろいろなニューロン群の働きが必要だろう。縦線を処理するニューロンや、横線を処理するニューロンや、色を処理するニューロンなど、脳のさまざまな場所にあるニューロンがいっせいに働くことによって、顔のような複雑なものを認識するのではないかと考えられる。

つまり、意識があるときは、脳のさまざまな部分の脳波が、同期して働いているのではないだろうか。そういう考えのもとに、多くの実験が行われた。しかし、残念なことに、その結果の多くは、仮説を反証するものだった。意識が低下しても、同期する脳波が減少するとは限らなかったのだ。

それどころか、意識がなくなっているにもかかわらず、脳全体にわたって脳波が同期していることも珍しくなかった。また、昏睡状態に陥ったり、そこから回復したりした患者についても、測定が行われた。その結果、意識を失っても回復しても、その前後で脳波の同期減少にあまり変化がないことが明らかになったのである。

なかなか、ニューロンの活動と意識のあいだの関係をつかむことは難しい。ニューロンがたくさんあれば、意識が生まれるわけでもないし、ニューロンの活動が活発になれば意識が生まれるわけでもないし、ニューロンの活動が同期すれば意識が生まれるわけでもない。

もしかしたら、ニューロンと意識のあいだには、まったく関係がないのだろうか。精神と物質のあいだに断絶を認める素朴な二元論が正しいのだろうか。

意識とは何か。それを考えるための第一歩として、物質と精神のあいだに関係があることを見ていこう。

生きながら埋葬されたら

現在の日本では、人が死んだら火葬にされるのが一般的である。しかし、土葬が一般的な地域では、まだ生きているのに間違って死んだと判断されて、墓地に埋葬されてしまうという事故が、ときどき起きていたようだ。

息を吹き返したら真っ暗な棺桶《かんおけ》のなかだった。それは何と恐ろしい体験だろう。蓋を開けようとしても、棺桶自体が地中に埋められているので、びくともしない。そして、泣いても叫んでも、誰も気づかないのである。

有名な話としては、中世ヨーロッパの神学者であるヨハネス・ドゥンス・スコトゥス（１２６６～１３０８）の例がある。伝えられるところによれば、後に掘り返された棺《ひつぎ》のなかには、ドゥンス・スコトゥスが外に出ようとしてもがいた跡があった。そこには、引きちぎれた血まみれの手があったという。

しかし、間違って埋葬された人のなかには、運よく地上に生還できた人たちもいたようだ。

18～19世紀のイギリスには、かなりの数の墓泥棒がいたらしい。医学系の大学では遺体を解剖する必要がある。しかし、解剖のためには、死刑になった犯罪者の遺体しか使えない、と法律で決まっていた。しかし、それだけでは遺体が不足する。そこで、墓泥棒が埋葬されたばかりの遺体を掘り起こして、大学に売っていたのである。

そうして、掘り返された遺体のなかには、まだ生きているものもあったらしい。そういう人々にとっては、墓泥棒が命の恩人というわけだ。

19世紀のあるイギリス人は、病気にかかって、医者からは回復する見込みはないと言われた。ある日、奇妙な痙攣《けいれん》に襲われて、ふと気がつくと、ベッドの周りにたくさんの顔が見えた。しかし、体がまったく動かない。「お亡くなりになりました」と言う看護師の声と、誰かがすすり泣く声が聞こえた。父親が手を伸ばして、そっと瞼を閉じるのも覚えていたという。

それから、彼は棺のなかに寝かされ、蓋を閉められた。そして、墓穴のなかに下ろされ、上から土をかけられた。土をかけられる音は、雷よりもすさまじい音に思えたという。

それから、恐ろしい静寂《せいじゃく》の時間が過ぎた。ところが、しばらくすると、上から低い音が聞こえだした。墓泥棒が墓を掘り返していたのである。そして、彼は、地中から救いだされたが、その時点でも、まだ体は動かなかった。その後、彼は大学に売られて、解剖台の上に寝かされた。たくさんの学生たちに囲まれて、体にメスを入れられたときに、体が痙攣して麻《ま》痺《ひ》状態から脱したという。周りからは恐怖の金切り声が聞こえたらしいが、それも無理はないだろう。

こういう、生きながら埋葬される事故が、当時はしばしば起こっていたために、イギリスなどで安全棺が開発された。もしも、棺のなかで息を吹き返した場合、それを外部に知らせる装置のついた棺である。

いろいろなタイプの安全棺が考案されたが、典型的なものは、地上に置かれた鐘や旗と、

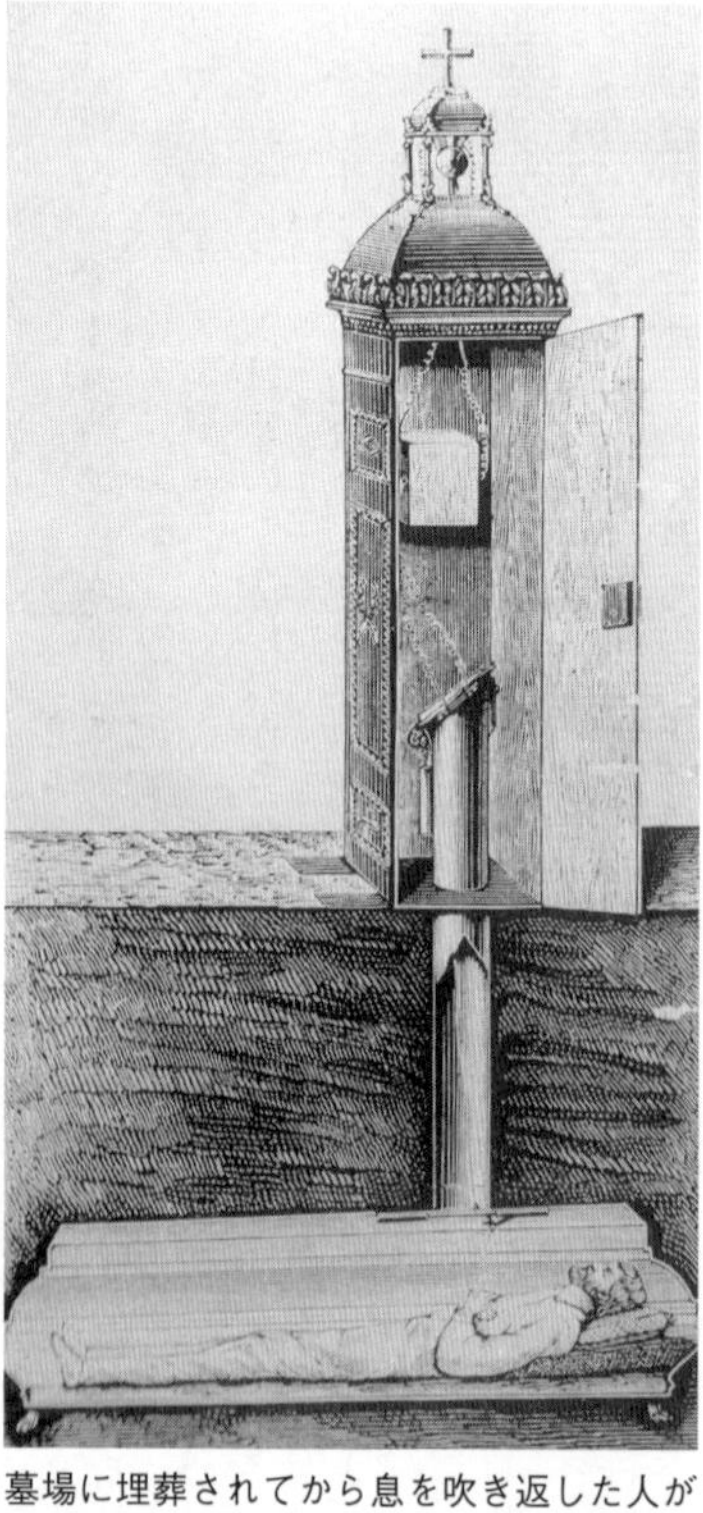

墓場に埋葬されてから息を吹き返した人が生存を知らせるためにつくられた安全棺
写真：Getty Images

遺体の手足を、紐《ひも》でつないだタイプである。たいていの場合は、こういう仕掛けを数日から数週間レンタルして、墓に設置したようだ。もっとも、記録から見るかぎり、安全棺のなかで目覚めた人はいないようだ。

死亡したと判定されてから再び息を吹き返した人は少ないだろうし、安全棺に入れられた人も少ないだろうから、安全棺に入れられて、かつ息を吹き返した人は、さらに少なくなる。実際には、ほとんどいなかったのかもしれない。あるいは、安全棺には不具合が多かったらしいので、うまく作動しなかったのかもしれない。せっかく安全棺が開発されたのに、残念なことである。

しかし、それはともかく、埋葬されてから息を吹き返した人がいたことは事実であろう。そんな恐怖の体験をした人が、少なかったことを祈るばかりである。ところが、この恐怖は、過ぎ去った過去の話ではない。じつは現在でも、この恐怖は続いているのである。

誰にでも起こりうる恐怖

友人がテレビの前で横になっている。さっきまではテレビを見ていたようだが、今では首が前後に揺れている。そこで、あなたは「起きてる？」と呼び掛けてみる。友人が返事をすれば、起きてるんだな、と思うし、返事がなければ、寝てるんだな、と思う。つまり、外部からの指示に対して反応があれば、意識があると判定するわけだ。

医療現場でも、基本的には同じ方法で、意識のレベルを判定する。名前を言えるか、体を揺さぶると眼を開けるか、痛みを与えると手足を動かすか、などを試して、それでも反応がない、あるいは反射的な動作しかしないのであれば、意識がないと見なされる。通常は、この反応の有無によって意識の有無を判定する方法で事足りるのだが、ときには、この方法では判定ができないことがある。

そういう例としては、全身麻酔中に意識が戻るケースが挙げられる。全身麻酔をして外科手術を受けている最中に、意識を取り戻してしまう患者は滅多にいないけれど、ゼロではない。ある報告では、１０００人につき１人の割合で、意識を取り戻すことがあるという。

たいていの場合は、意識を取り戻しても痛みを感じることはないようだ。それでも、意識のある状態で手術を受けていることを認識するとパニックに陥るらしいが、体がまったく動かないので、どうすることもできない。心臓がドキドキする感覚もないので、パニックといっても通常のパニックとは異なり、空虚な苦しい幻想のような感じらしい。

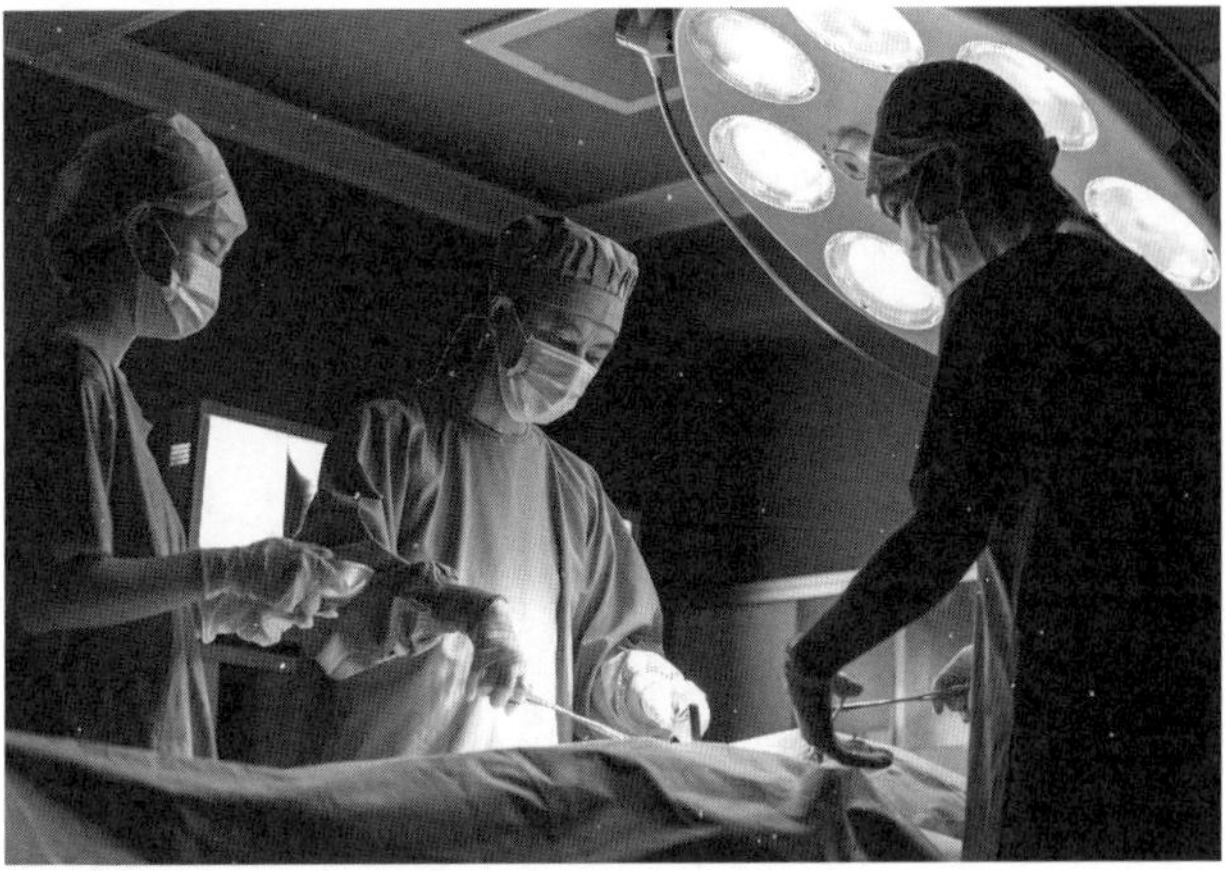

全身麻酔をしていても、手術中に意識が戻ることがある
写真：EKAKI / PIXTA（ピクスタ）

さきほど、手術中に意識を取り戻すのは１０００人に１人と述べたが、これは過少評価かもしれない。じつは、簡単なテクニックを使うことにより、手術中の患者に意識があるかどうかを確かめた報告がある。それによると、手術中に意識がある患者は、おどろくべきことに、３人に１人はいるという。

テクニックというのは、麻酔薬を注射するときに、前腕に腕帯《わんたい》を巻いて膨らませておくことである。腕帯が膨らむと腕を圧迫するので、血液が流れにくくなる。すると、腕の先には麻酔薬が届かなくなり、全身麻酔中でも手だけは動かせるようになるのである。

手が動かせれば、コミュニケーションが可能になる。手術中に「手を握ってください」と呼びかけたときに患者が手を握れば、意識があることを伝えられるからだ。この方法で調べたところ、３人に１人は手術中に意識があったというのである。

それにしても、１０００人に１人と３人に１人では、違いが大きすぎないだろうか。手術中に意識を取り戻すのは１０００人に１人ぐらいだという報告は、手術が終わって麻酔が切れた後で、患者に聞いた答えに基づいている。

麻酔薬には、麻酔中の記憶を失わせる副作用があるらしいので、この副作用によって、ある程度はこの違いを説明できるだろう。実際には、手術中に意識があっても、手術が終わるとそのことを忘れてしまう患者がけっこう多いのかもしれない。

手術中に意識が戻るというのも、あまり楽しい話ではないけれど、さらに深刻な話がある。それは植物状態の患者だ。

もし自分が植物状態になったら、延命措置はしないで欲しいと願う人はかなり多い。しかし、それは元気なときの希望であって、実際に植物状態になったら、考えが変わるかもしれない。なぜなら、植物状態というのは永遠に意識を失った状態とはかぎらないことが、明らかになってきたからだ。

もし、植物状態の患者に意識があっても、周囲の人々にそれが伝わらなければ、最悪の場合、命を絶たれてしまう可能性がある。これは、生きながら埋葬される恐怖に匹敵するはずだ。しかも、これは昔の話ではない。まさに今、この瞬間にも起こっていることなのだ。

植物状態と最小意識状態

ここで、四つの用語について簡単に説明しておこう。「植物状態」と「最小意識状態」と「閉じ込め症候群」と「昏睡」の四つである。

植物状態というのは、「自発的な呼吸が可能で、覚醒しているが意識がない状態」を指す。自発的に呼吸ができるので、脳幹の機能はほぼ保たれていると考えられる。眼を閉じて眠ったり、眼を開けて覚醒したりするけれど、意識的な反応は示さない状態である。

植物状態に近いものとして、最小意識状態がある。これは「意識が重度に障害されているが、完全にはなくなっていない状態」を指す。大脳が広範囲にわたる損傷を受けていると考えられるが、意識的な反応を繰り返すことができる状態だ。意識がある状態とない状態を行ったり来たりしているように見える。植物状態から少し回復して最小意識状態に変わる場合もある。

閉じ込め症候群は、「意識はあるが、瞬《まばた》きや眼球の上下運動以外の反応ができない状態」のことであり、昏睡は「刺激に対して覚醒も反応もしない状態」のことである。

以上は、じつは欧米で使われている基準である。日本では、１９７２年に日本脳神経外科学会から植物状態の定義が示された。この定義には、欧米で言うところの植物状態に加えて、最小意識状態の一部（目を開けて下さいとか手を握って下さいといった命令にかろうじて応じたり、眼球がかろうじて物を追ったりすることがある）も含まれている。このあたりは少しややこしいけれど、かならずしも日本の定義が悪いわけではない。

そもそも、植物状態と最小意識状態をはっきりと分けるのは困難であるし、植物状態と診断された患者のなかに潜《ひそ》む最小意識状態の患者に対しても、きちんとしたケアを提供できるなど、日本の定義の優れた面を指摘する声もある。

ただし日本においても、「覚醒しているが外部も自分も認識できない」状態を遷延性《せんえんせい》植物状態と定義しており（『脳神経外科学・第13版』金芳堂、２０２１年）、これは欧米の定義と同じである。

そこで本書では、欧米の定義および日本における遷延性植物状態の定義に沿って、植物状態を「覚醒しているが意識がない状態」として話を進めることにする。

おどろくべき測定結果

26歳のイギリス人の女性がいた。彼女は保育士をしていたが、風邪をこじらせて、重篤なウイルス性疾患に罹《かか》ってしまった。この疾患に罹ると、脳に炎症が起こり、大脳髄質が損なわれる。

繰り返しになるが、大脳皮質にはニューロンの細胞体が多く、大脳髄質には同じくニューロンの軸索が多い。軸索というケーブルを通して、大脳皮質のさまざまな領域が情報をやり取りしているのだ。ところが、彼女は大脳髄質が損なわれたため、脳の情報ネットワークに支障が出てしまった。

彼女は、眼を閉じて眠ったり、眼を開けて覚醒したりした。病室のなかを見回すこともあった。しかし、医師や家族が声を掛けたり刺激を与えたりしても、まったく反応はなかった。そのため、意識はないと判断され、植物状態であると診断された。

しかし、植物状態の患者には、本当に意識がないのだろうか。イギリスの神経科学者であるエイドリアン・オーウェン（1966〜）は、それを確認するために、ＰＥＴを使って彼女の脳の活動を測定した。１９９７年のことである。

ＰＥＴとは陽電子放出断層撮影のことで、放射性物質を体内に投与することにより、その物質の動きを追跡する方法である。放射性物質は血液によって運ばれるので、ＰＥＴを使えば血流量を測ることができるわけだ。

脳のなかで活発に活動している部分は、多くの酸素を必要とするので、血流量が多くなる。したがって、ＰＥＴで脳をスキャンして、血流量の多い部分を特定すれば、そこが脳の活性化している部分であることがわかる。

大脳の底面に、紡錘状回《ぼうすいじょうかい》という領域がある。この領域の機能は完全にはわかっていないが、顔の認識に関係していることについては、ほぼ合意が得られている。根拠としては、紡錘状回が損なわれると相貌失認《そうぼうしつにん》症になり、知人の顔を見ても誰だかわからない状態になることが挙げられる。また、ＰＥＴを使った実験によれば、健常者に知人の顔を見せると、紡錘状回が活性化することも確認されている。

この二つの事実、つまりＰＥＴで脳の活性化している部位を特定できることと、顔を認識すると紡錘状回が活性化することから、オーウェンは、知人の顔写真を見ている彼女の脳を、ＰＥＴで測定することにしたのである。

その結果はおどろくべきものだった。知人の顔を見せると、彼女の紡錘状回は、健常者と同じように活性化したのである。

本当に意識はあったのか

植物状態と診断されたにもかかわらず、彼女に知人の顔を見せると、健常者と同じように紡錘状回が活性化した。しかし、それだけを根拠に、彼女に意識があると言ってよいのだろうか。

彼女は、自分がＰＥＴスキャナーのなかに横たわって、家族や友人の写真を見ていることを知っていたのだろうか。それとも、自分が横たわっていることも、写真を見ていることも知らずに、ただ脳が自動的に反応しただけなのだろうか。もちろん、前者の可能性もある。しかし、後者の可能性も否定できないのである。

あなたは「お腹が減ったなあ」と考えながら、夕方の商店街をぶらぶら歩いている。人の往来はそれなりに多く、どこかの店から賑《にぎ》やかな音楽も聞こえてくる。そのとき、ずっと憧れていた人が、向こうから歩いてくるのに気づいた。あなたはドキリとして、思わずその人の顔を見つめてしまった。

こういう状況では、憧れの人に会うまでのあいだに、あなたはたくさんの人とすれ違っている。しかし、あなたの記憶に残る顔は、憧れていた人の顔だけだ。それ以前にすれ違った、たくさんの人の顔も、あなたの脳は自動的に無意識にモニターしていた。ところが、そうしてモニターした顔のほとんどは知らない顔なので、注意を向けることもないし、記憶にも残ることもない。しかし、無意識にモニターした顔が、知っている顔だった場合、その顔に自動的に注意を向けてしまう。

そのとき、あなたの意識は、その顔に乗っ取られている。お腹が減っていることも、商店街で音楽が鳴っていることも、あなたの意識から消え去る。そのとき、あなたが意識しているのは、憧れの人の顔だけだ。

これらのことは、すべて自動的に無意識に行われる。憧れの人の顔に注意を向けたことも、空腹や音楽が意識から消えたことも、自動的に無意識に行われたことで、意識によってコントロールすることはできない。たしかに、知っている人に出会ったときに、気がつかない振りをすることはできる。でも、知っている顔をいったんモニターしてしまえば、その顔が意識に上ることを止めることはできない。自動的に意識に上ってしまうのである。

植物状態の彼女に起こった反応も、そういう自動的な反応に限られていた可能性は否定できない。知人の写真を見せられたときに、紡錘状回が活性化したからといって、彼女が意識的な経験をしていたとは断言できないのである。

このように、意識の有無を確認するのは難しい。その後もいろいろな実験が行われて、顔写真の代わりに単語を聞かせたり、難易度の異なる文を聞かせたりしたけれど、あいかわらず意識の有無をはっきり示すことはできなかった。ところが、テニスの全英オープンの最中に、オーウェンが考えついたアイデア（本書ではテニス課題と呼ぶことにする）によって、状況は大きく変わることになる。だが、その話をする前に、植物状態だった彼女のその後について、かんたんに記しておこう。

帰還者は語る

意識の有無を確認することは難しい。しかし、じつは彼女の場合は、ＰＥＴスキャナーのなかで知人の写真を見せられたときに、意識があったことがわかっている。なぜなら、その後、彼女は奇跡的に回復して、当時のことを話してくれたからである。

それはオーウェンが、ケンブリッジに住んでいる彼女を、久しぶりに訪ねたときのことだった。彼女が脳を損傷してから約20年、オーウェンが最後に彼女に会ったときから数えても7年以上が経っていた。

介護人に案内されてリビングルームに入ると、彼女は車椅子に座っていた。オーウェンは、彼女に挨拶をしてから、「花を買ってきました」と言って花を差し出した。そのとき、「ありがとう。本当にきれいね」と彼女が答えたのだ。まさか彼女が話せると思っていなかったオーウェンは、度肝を抜かれたという。彼女が少しずつ回復していることは知っていたものの、話せるようになるとは思っていなかったのだ。

それから彼女は、植物状態だったときのことを話してくれた。意識を失う前の最後の記憶は、彼女が保育士をしていた保育園で昼食を食べているところだという。それから意識が途切れた後、ふいに意識が戻ったらしい。少しずつ意識が戻ってきたのではなく、いきなりパッと戻ったという。しかし、体は動かなかった。

それからの彼女は、孤立していた。当時、彼女を介護していた人たちは、彼女は痛みを感じられないと言っていた。しかし、いろいろな処置の過程で、彼女は痛みを感じていた。それにもかかわらず、それを伝えることはできなかった。彼女は、周りの人たちが、もはや彼女のことを人間とは思っていないこと、そして物体のように無視されていることを感じていたという。

彼女の置かれた状況には、かつての生きながら埋葬された人に通じるものがある。まだ生きていて意識もあるのに、それを誰にも伝えられずに死んでしまう運命かもしれないのだ。

後の研究によると、意識がないと思われている植物状態の人の15～20パーセントには、彼女のように意識があるらしい。そういう人たちのなかで、いわゆる日常生活に戻ってくることができた人は、残念ながらほとんどいない。しかし、彼女は戻ってきた。そして彼女は言った。スキャンが私を見つけてくれたのです、と。

第10章　デジタルカメラは生きているか

評価の難しさを克服する

これまで述べてきたように、意識があるかどうかを評価することは難しい。たとえ脳が反応しても、それが意識的に起きたことなのか、自動的に起きたことなのかを区別することが困難だからだ。

そこでオーウェンは、何らかの形で患者が答えを選べる指示を出して、その指示に従えば、意識があると言ってよいのではないかと考えた。患者は、その指示を覚えていて、それを実行することを意識的に選んでいると考えられるからだ。

彼は、二つの課題を考案した。一つは、患者に、自宅で部屋から部屋へ歩くことを想像してもらうという課題だ。こういう想像をしてもらうと、海馬の近くの海馬傍回《ほうかい》という大脳皮質の領域が活性化する。もう一つは、テニスをしているところを想像してもらうという課題だ。こちらの場合は、運動前野という大脳皮質の領域が活性化する。

こういう課題を出してから、脳をｆＭＲＩで測定するのである。ｆＭＲＩは機能的磁気共鳴画像法のことで、磁場のなかでの物質の振る舞いを測定することができる。たとえば、酸素が多い血液と少ない血液では磁場のなかでの振る舞いが異なるので、それらを区別することができる。脳のなかで活動が盛んなところでは、血管を拡げたりして酸素が多い血液がたくさん流れる。ｆＭＲＩは、それを検出することによって、脳の活動を測定するのである。

ｆＭＲＩはＰＥＴとはまったく異なる原理で脳をスキャンするが、同じような結果を得ることができる。しかし、ｆＭＲＩは放射線を使わないため患者に無害で、何回でもスキャンできる。しかも、ＰＥＴで測れるのは脳の活動の分単位における平均にすぎないが、ｆＭＲＩでは秒単位で測定が可能である。ｆＭＲＩを使えるようになって、測定できる脳活動の範囲は大きく広がったわけだ。

テニス課題でわかること

２００５年のイギリスで、23歳の女性が交通事故に遭った。往来の激しい通りを横断し

意識を見つけるために、テニスをしているところを想像してもらう
©Cavan Images/amanaimages

ているときに、2台の車にはねられたのだ。彼女は外傷性脳損傷を負い、植物状態と診断された。

オーウェンは、彼女に二つの課題を試してみることにした（さきほど述べたテニス課題だ）。まずテニスをしているところを想像してくれるように指示した。すると、彼女の運動前野がはっきりと活性化した。想像するのをやめるように指示すると、運動前野の活動は消えた。

次に、自宅のなかを歩き回っているところを想像してくれるように指示すると、彼女の海馬傍回が活性化し、想像するのをやめるように指示すると、海馬傍回の活動は消えた。そして、彼女は、これらの反応を繰り返すこともできたのだ。

彼女には意識があったのだ。身体的反応で意識があることを伝えることができないまま、何か月も病院のベッドに横たわっていた。しかし、彼女は、脳の活動によって、意識があることを示してくれたのである。

ただ、彼女に対しては、これ以上の実験はできなかった。こういう実験には、つねに微妙な問題がつきまとう。彼女に多くの負担をかけてしまうことはもちろんだが、家族への配慮もある。結局、彼女に意識があるという結果を、家族に伝えることはできなかった。家族に伝えるか伝えないかを決めるのはオーウェンではなく、担当医だからだ。

担当医は、彼女に意識があるという結果を家族に告げても、臨床的な意味はないと判断したようだった。たしかに、意識があるからといって、回復の可能性が高まるわけではない。彼女には意識があるのにそれを表現できないと家族が知ることの重さは、彼女に意識がないと家族が考える重さより過酷だと、担当医は判断したのだろう。さらに、このような実験は、倫理委員会の取り決めに厳密に従わなくてはならないので、オーウェンの判断でできることは、かなり限られているのである。

しかし、オーウェンは、前に述べた保育士だった女性のことを、つい思い出してしまったようだ。彼女には、奇跡的な回復が起きた。それは、もしかしたら、周囲の人たちが、彼女に意識がある（可能性がある）と知らされたことによって、接し方を変えたからかもしれない。意識があっても反応できない患者にとって、話しかけてもらったり、本を読み聞かせてもらったり、会話に入れてもらったりしたことは、すばらしい救いだったに違いない。

とはいえ、それはたまたまだったのかもしれない。保育士の女性は、そういう配慮がなくても回復したのかもしれない。さらに言えば、患者には意識があると家族に告げたことによって、より悪い結果を招くケースだってあるかもしれない。一般的な答えは、きっと探しても見つからないのだろう。

そして、交通事故に遭った女性は、２０１１年に亡くなった。

テニス課題に対する反論

ところで、テニス課題によって意識があることを確認できる、というオーウェンの主張に対して、反論がなかったわけではない。たとえば、「テニスをしているところを想像してください」という指示自体が、何らかの理由で運動前野の活動を自動的に引き起こしたのではないか、というのである。

そこで、オーウェンは、そういう反論に答えるために、次のような実験を行った。オーウェンは被験者たちに対して、これから指示を出すけれど、その指示を無視するように言ったのだ。それから、オーウェンは被験者たちに、テニスをしているところを想像してくれるように指示を出した。

結果は明確で、被験者たちの運動前野には活動が見られなかった。どうやら「テニスをしているところを想像してください」という指示自体が、運動前野の活動を自動的に引き起こすことはなさそうである。やはり、テニス課題によって意識があることを確認できる、と解釈するのが自然であろう。

テニス課題を応用すれば、植物状態の患者と意思を疎通させることもできる。たとえば、質問に対する答えがイエスならテニスをしているところを、ノーなら自宅を歩いているところを想像してもらうのだ。実際にオーウェンは、交通事故に遭ってから10年以上ものあいだ何の応答もしなかった患者と、この方法で意思を疎通させることに成功している。

現在では、いろいろなことが改善され発展している。テニス課題をこなすことはけっこう大変なので、もっと楽な課題も考案されている。また、ｆＭＲＩという装置は高価なうえに持ち運ぶことは不可能だ。患者をｆＭＲＩのところまで運ぶには救急車代がかかるし、それ以外にも、患者が数日を過ごす介護施設代、親族のホテル代、看護師たちの費用、スキャンそのものの費用など、経済的な負担は大変なものだ。現在ではもっと安価で持ち運べる装置も開発されており、そういう装置を持って患者の家や介護施設へ行って、スキャンを行うことさえできるようになっている。

生きる希望はなくならない

私の知り合いに、カラオケが大嫌いな人がいた。友人がカラオケに行こうと誘っても、絶対に行かない。とにかく人前で歌うのが苦手らしく、一度もカラオケに行ったことはないと言っていた。

ところが、ひょんなことで、彼がカラオケに行くことになった。何人かで食事をした後、一緒にいた女の子に誘われて、断り切れずに仕方なく行ったらしい。その日、カラオケで何があったのかは知らないが、多くの人が想像するようなことが実際に起きたらしい。次の日から彼はカラオケが大好きな人間になってしまい、その豹変《ひょうへん》ぶりは大学でも評判になった。

一度も行ったことのないところが、どんなところかを予想するのは難しい。楽しいか楽しくないかといった主観的な感覚については、とくにそうだろう。彼の場合は少し極端だけれど、似たようなことは多くの人にも当てはまるのではないだろうか。

統計的な研究によれば、私たちの多くは植物状態になったときに延命措置を望まないという。しかし、それは、一度も植物状態になったことのない人がそう考えた、ということにすぎない。実際に植物状態になったときには、考えが変わるのではないだろうか。

植物状態ではないが、閉じ込め症候群（意識はあるが、瞬きや眼球の上下運動以外の反応ができない状態）の患者にアンケートを取った研究がある。[*] その結果、安楽死を望んでいる人はほとんどいなくて（7パーセント）、回答した人の72パーセントは「幸せ」だと答えたのだ。

ただし、この研究には選択バイアスがかかっている可能性がある。患者のなかには解答しなかった人もいるからだ。もしかしたら人生に満足していない患者は、解答しなかったかもしれない。そうであれば、「幸せ」と答えた人の割合は減ることになる。

しかし、たとえそうであっても、この研究の場合、安楽死を望んでいる患者が少数派で

---

* Bruno et al. *BMJ Open* 2011;1:e000039. doi: 10.1136/bmjopen-2010-000039.

あることは変わらない。また、「幸せ」と感じている患者が一定数いることにも変わりはない。でも、それは不思議なことではないかもしれない。

誰にでも経験があると思うが、二度寝というのはじつに気持ちのよいものだ。朝、目覚まし時計が鳴る。仕方なく起きて、目覚まし時計のベルを止める。あ〜あ、今日も、会社に行かなくてはならない。面倒だなあ。ところが、そのとき、すばらしい天啓が下りてきた。そうだ、今日は日曜日だった。会社は休みだから、まだ起きなくてもよいのだ。それでは、もう少し寝るとするか。そうして、ふたたび眠りに落ちるときの甘美な感覚は、二度寝の醍醐味《だいごみ》と言ってよいだろう。それを幸せと言わずに、何と言えばよいのだ。

二度寝は極端な例かもしれないが、たとえ植物状態であっても、何らかの快適な心地を味わうことは可能かもしれない。快適な心地というものは、二度寝のように、とくに行動をしないで横になっているだけでも味わえるのだから。

もちろん、植物状態の人が前向きな気持ちを持っている場合、その原因が心地よさとはかぎらない。植物状態になったことのない人には、想像できないような世界にいるのだから、かんたんには測り知れない気持ちがあるのかもしれない。

おそらく、すべての植物状態の人をかわいそうだと思うことは、失礼なことなのだろう。

いろいろな植物状態の人がいるので、生き甲斐を感じて前向きな気持ちでいる人だって、きっといるのだ。そういう人は少数かもしれないけれど、とにかく植物状態の人をひとまとめにして扱うことはできないのだ。

意識の進化

さて、以上に述べたオーウェンらの研究から、脳が意識を生み出していることは、ほぼ立証されたと言ってよいだろう。少なくとも、脳と意識が密接に関係していることは疑う余地がない。そうであれば、意識は進化によって生み出された可能性が高くなる。

ここで、もう一度、哲学的ゾンビについて考えてみよう。もしも、チャーマーズが考えたような形態から体内の活動までまったく人間と同じだが、意識を持たない哲学的ゾンビが存在すれば、意識が生まれるために進化の出る幕はないからだ。

進化にはいろいろなメカニズムがあるけれど、最終的には自然淘汰と遺伝的浮動と突然変異と遺伝子交流の四つにまとめることができる。そして、これらの四つのメカニズムは、すべて生物の「形態と活動」に作用することが知られている。

そして、哲学的ゾンビは、まさに「形態と活動」だけから成る存在である。哲学的ゾンビの「形態と活動」は、本物の人間とまったく同じで、違うのは「意識」がないところだけである。したがって、進化によって哲学的ゾンビをつくることができそうに思えるが、それには、もう一つの仮定が必要だ。それは、「形態と活動」と「意識」が切り離されていることである。その場合は、進化によって「形態と活動」がつくられても「意識」が生じることはないので、進化によって哲学的ゾンビをつくることができる。

しかし、脳の「形態と活動」から必然的に意識が生じるのであれば、哲学的ゾンビをつくることはできない。進化によって、本物の生物とまったく同じ「形態と活動」を持つ哲学的ゾンビがつくられたら、それは不可避的に「意識」を持ってしまうからだ。でも、意識を持ったら、もはや哲学的ゾンビではない。それは人間だ。

つまり、進化によって意識をつくり出せるのは、後者の場合だけだ。後者の場合は、進化が脳の「形態や活動」をつくることによって、間接的に「意識」をつくり出すことができる。しかし、前者の場合は、「意識」が「形態と活動」から切り離されているので、進化によって「形態と活動」をつくっても、それが意識を持つことはない。出来上がるのは哲学的ゾンビというわけだ。

これらの可能性についてもう少し丁寧に検討するために、つまり意識の進化について考えるために、脳がいかにして意識を生み出すかを考えてみよう。

関係が異なれば、感じ方も異なる

ある人の意識を他の人が体験することはできない。だから、他の人の意識がどんなものかを知るすべはないし、そもそも色などの感じ方さえ人によって違うかもしれない。あなたが、あなたの意識のなかで感じている青という色は、私が、私の意識のなかで感じている青という色とは違うかもしれないのだ。意識というものは捉えどころのないもので、しょせん研究することは不可能である、という意見さえある。

しかし、あなたの青と私の青は、本当に違うのだろうか。

光は、赤外線、赤、橙《だいだい》、黄、緑、青、藍《あい》、紫、紫外線という順番で、連続的に波長が短くなっていく。たとえば、赤、青、紫の3色に注目すれば、赤の波長がもっとも長く、青が中間で、紫の波長がもっとも短い。

ところが、私たちの意識のなかの紫は、赤と青の中間のように感じられる。私たちの色の感じ方は、かならずしも波長と対応していないのだ。そして、紫を赤と青の中間のように感じるという色の感じ方は、あなたと私で共通している。つまり、色の関係性の感じ方は共通しているのだ。

もしも、あなたと私で色の感じ方が同じならば、とうぜん色の関係性の感じ方も同じになる。しかし、色の関係性の感じ方が同じだからといって、色そのものの感じ方まで同じとは限らない。だから、あなたと私で色そのものの感じ方が同じだとまでは言えない。それはその通りだが、関係性の感じ方が同じであることは、色そのものの感じ方も同じであることを示唆してはいないだろうか。

現時点では、この問題に結論を出すことはできないけれど、とりあえず、私たちの意識には何らかの共通性があると仮定しよう。そのうえで、意識の特徴を考えていくことにしよう。

ありえたかもしれない無数の選択肢

意識には重要な特徴がいくつかあるけれど、ここではそのうちの二つに注目しよう。その一つは、豊富な情報を持っていることだ。

情報というのは難しい言葉だが、ここでは「いくつかの選択肢から一つを選ぶこと」としておこう。

たとえば、あなたにはビジネスにおけるライバルがいて、そのライバルがどういう戦略で攻めてくるかわからない。戦略にはプランA、B、Cの3通りがあることはわかっているのだが、どのプランを採用してくるかが、わからないのだ。

そのとき、あなたの部下がある筋《すじ》からライバルの動向を摑んできた。どうやらライバルは、プランCで攻めてくるらしい。そこまでわかれば、こちらにも対処のしようがある。あなたはただちに行動を開始した。

さて、以上の話では、選択肢が三つあった。最初はライバルが、三つのプランのうち、どれを採用するかわからなかった。つまり、三つのうちのどれも可能性があったのだが、部下のおかげで一つに決めることができた。したがって、「三つの選択肢から一つを選ぶこと」ができたので情報が増えたわけだ。

そういう観点で意識を見ると、意識には莫大な情報があることがわかる。意識の内容には、無限に近い種類があるからだ。

たとえば、意識のなかで目に映る光景は、さまざまである。それは部屋のなかかもしれないし、晴れた日の砂浜かもしれないし、瞼《まぶた》を閉じていれば黒一色かもしれない。音や匂いなどによっても意識の内容はさまざまに変わるし、気分によっても意識は変化する。意識の内容の種類はほぼ無限である。

つまり、今経験している意識はまさに一期一会であって、これまでに経験したどんな意識とも、またこれから経験するどんな意識とも異なっているのだ。

こういった意識の情報は、脳が持つ豊富な情報によって支えられている可能性がある。脳をつくっているニューロンには、発火しているかいないかの、２種類の状態があるとしよう。ニューロンが１個なら、二つの状態しか取れないが、脳のなかには約８６０億個のニューロンがある。そして、それぞれのニューロンが二つの状態を取れるとすれば、全体では２の８６０億乗という莫大な数の状態を取れることになる。

もちろん、脳のなかのすべてのニューロンが意識に関わっているわけではないだろうが、意識に関わっているニューロンだけに限定しても、無限に近い状態を取れることに変わりはないだろう。

ここで脳と比較するために、カメラなどの光センサーに使われるフォトダイオードを考えよう。そのフォトダイオードには表示装置がついていて、ふだんは「オフ」と表示されているとする。しかし、フォトダイオードに一定以上の光が当たると、表示が「オン」に変わるようになっているのだ。

そこで、こんな思考実験をしてみよう。部屋の灯《あ》かりを点けたり消したりして、それをあなたとフォトダイオードに報告してもらうのだ。灯かりが点いたら、あなたは「明るい」と言い、フォトダイオードは「オン」と表示する。灯かりが消えたら、あなたは「暗い」と言い、フォトダイオードは「オフ」と表示する。それだけの実験だ。

さて、私が部屋の外にいて、実験の結果だけを知らされた場合、私にはあなたとフォトダイオードの区別はつかないかもしれない。あなたとフォトダイオードが行ったことは、明かりが点いたか消えたかを報告しただけで、本質的には同じことだからだ。

しかし、部屋のなかにいたあなたには、あなたとフォトダイオードの違いがわかっている。たしかに、明かりが点いたか消えたかを報告した点については同じだが、あなたは意識があって答えたのに対して、フォトダイオードは意識がないまま表示をしたのだ。

フォトダイオードは「オン」か「オフ」かという2通りの選択肢から一つを選んだにすぎない。しかし、あなたは、ほぼ無限にある意識の内容のなかから一つを選んだうえで、「明るい」とか「暗い」とか言ったのだ。

意識の内容になりうる「明るい部屋」はいろいろある。椅子があるかないか、ある場合はどこにあるのか、部屋の広さはどのくらいかなど、明るい部屋の種類はほとんど無限だ。

そのなかの一つが選ばれて、意識の内容となったのだ。

さきほど情報は「いくつかの選択肢から一つを選ぶこと」だと述べたが、それは「不確実性を減らすこと」とも表現できる。2個の選択肢から1個を選ぶより、１００個の選択肢から1個を選ぶほうが、情報量が多いというわけだ。

フォトダイオードが「オン」と表示した場合、フォトダイオードが選ばなかった選択肢は「オフ」という選択肢一つだけである。しかし、あなたが「明るい」と言った場合、あなたが選ばなかった選択肢（意識の内容）は莫大な数に上る。あなたが思い浮かべている意識の内容の背後には、ありえたかもしれない無数の選択肢が隠れているのだ。つまり、意識は、無数の可能性に支えられているのである。

超意識は存在するか

しかし、豊富な情報量を持っているのは人間の脳だけではない。たとえば、デジタルカメラも豊富な情報量を持っている。

１００万画素のデジタルカメラがあり、そのカメラのなかには１００万個のフォトダイオードが並んでいるとしよう。それぞれのフォトダイオードがオンかオフになることによって、デジタルカメラはさまざまな写真を撮ることができる。部屋のなかでも外の景色でも、いろいろな写真を撮ることができるのだ。１００万個のフォトダイオードが、それぞれオンかオフの２通りの状態を取れるので、カメラ全体では２の１００万乗種類の写真を撮ることができるわけである。

つまり、デジタルカメラが１枚の写真を撮った場合、写真に撮られなかった選択肢は莫大な数に上る。１枚の写真の背後には、ありえたかもしれない無数の選択肢が隠れているのだ。それでは、デジタルカメラには意識があるのだろうか。

実際の話、スマートフォンのカメラには１０００万画素を超えるものもある。そして、世界におけるスマートフォンの販売台数は１億台をはるかに超えている。１０００万画素のカメラが１億台あったとして、単純に掛け算をすると、１０００万×１億＝１０００億（画素）となり、これだけで人間の脳のニューロンの数を超えてしまう。

世界中にあるスマートフォンの台数は１億台よりはるかに多いので、もしもすべてのスマートフォンを接続すれば、人間の意識よりもはるかに情報量の多いシステムが成立する。そのときは、地球全体に広がるスマートフォンのネットワークに、意識のようなものが発生するのだろうか。人間の意識よりもはるかに情報量が多い、いわば超意識とでもいうものが、世界中にあまねく存在するようになるのだろうか。

いや、どうやら、そういうことにはならなそうだ。意識には情報性のほかに統合性という重要な特徴がある。スマホの場合、情報性については申し分ないのだが、統合性については全然意識に及ばないからである。

情報性と統合性

私たちの意識は、いつも一つのものとして統合されている。この統合性が、意識のもう一つの重要な特徴である。

私たちの意識は、いつも統一された光景として現れる。二つの光景が二重に重なって、それぞれが別のものとして意識されることはない。

これまでに述べてきた意識の情報性は、物質としての脳が持つ情報性によって支えられている可能性が高いが、同じように意識の統合性も、物質としての脳が持つ統合性によって支えられている可能性が高い。つまり、脳のニューロンが形成するシステムが、お互いに影響を与え合って、一つのものとして働いている、ということだ。

人間の脳には約860億個のニューロンがあるが、それぞれのニューロンが孤立して存在しているわけではない。それぞれのニューロンは１０００～10万個の他のニューロンから情報の入力を受けており、さらに同じくらいの数の他のニューロンへ情報を出力している。おそらく脳のニューロン群は、にわかには想像できないぐらい複雑に影響し合って、一つのものとして統合されているのだろう。ちなみに、ニューロン同士の結合の数は、約１００兆個という見積もりがある。

しかし、デジタルカメラのフォトダイオードは、そうではない。もし、カメラのなかに１００万個のフォトダイオードがあったとしても、それらはお互いに影響を及ぼすことなく、独立に働いている（じつはフォトダイオード同士で影響を及ぼす仕組みになっていることもあるけれど、脳のニューロンに比べれば無視してもよい程度のものだ）。したがって、フォトダイオードは統合されていないのである。

つまり、脳は莫大な数の選択肢を持つ一なるものであって、それ以上分割することができない。デジタルカメラも莫大な選択肢を持っているように思えるけれど、デジタルカメラは脳と違って（原理的には）分割することができる。デジタルカメラは莫大な数の選択肢を持つ一なるものではなくて、二つしか選択肢を持たないフォトダイオードがバラバラに１００万個集まったものなのだ。したがって、デジタルカメラには意識がないと考えられる。

以上の意識についての説明は、アメリカの神経科学者であるジュリオ・トノーニ（１９６０〜）が唱えた統合情報理論*と呼ばれる仮説に基づいたものである。意識に関する仮説はいくつもあるのだが、そのなかの一つである統合情報理論は比較的多くの検証を受けても反証されずに生き延びており、また脳患者のいくつかの症状を説明することもできる（それらについては後で述べる）。

もちろん反論もあるし、検証も十分とは言えないが、現時点ではもっとも有望な意識に関する仮説と言える。そこで本書では、この「莫大な情報を統合できるシステムには意識がある」という統合情報理論に沿って、意識を考えていくことにする。

＊　統合情報理論について説明した日本語の書籍はいくつかあるが、なかでも『クオリアはどこからくるのか？——統合情報理論のその先へ』（土谷尚嗣、岩波書店、２０２１年）はもっともコンパクトで初心者にも読みやすい良書である。

第11章　ヒトと機械の違い

なぜ小脳には意識が宿らないか

以前に述べたように、小脳がなくても意識にはほとんど影響がない。小脳には大脳よりも多くのニューロンが含まれているのに、なぜ意識に関係ないのだろうか。

なにしろ、生まれつき小脳がない人のなかには、それと気づかずに暮らしている人もいるらしい。何らかの理由で脳をスキャンしたときに、たまたま小脳がないことがわかったという人もいる。そういう人は、運動が苦手だったり言語の習得が遅かったりするようだが、意識や知能についてはとくに変わったことはないようだ。

それは、小脳のニューロンの統合性が低いからだと考えられる。小脳は、たくさんの独立した部分（モジュール）からできており、モジュール同士は基本的につながっていない。感覚器などから小脳に信号が入力すると、その信号はあるモジュールのなかで処理されて、結果はすみやかに小脳から出力される。そのあいだ、他のモジュールは関与しないのだ。

しかし、そのおかげで、小脳はすばらしい速さと正確さで信号を処理することができる。仮に、モジュールのあいだで情報がやり取りされれば、その分時間もかかるし、エラーが起きる可能性も高くなるので、正確さも低くなるだろう。しかし、モジュールごとに独立していれば、信号の処理を無駄なく効率的に行うことができる。そして、体の動きなどを、すばやく正確に調整できるのである。

小脳は複雑な組織ではあるが、大脳のように、無数の選択肢を持つ一つのシステムではない。選択肢の少ないシステムが無数に集まったものである。そのため、小脳には意識が宿らないのだろう。

ちなみに、大脳の左半球と右半球は脳梁《のうりょう》によって結合されている。2億本ものニューロンの軸索から成る脳梁で、かなり密接につながっているので、大脳は一つのシステムとして機能している。いっぽう小脳には、脳梁のようなものがない。小脳の左右の半球は、大脳のようにはつながっていないのだ。

したがって、もしも小脳に意識が宿ったら、それは右半球と左半球に分かれて宿ることになるだろう。そうすると、意識が二つになってしまう。いや、大脳に宿っている意識も加えれば、三つになってしまう。それではいろいろと不便なので、小脳が意識に関与していなくてよかったと言うべきかもしれない。

意識が二つに分かれる

ところで、大脳に関しても、意識についていろいろと考えさせられる事例がある。それは分離脳の患者だ。

20世紀には、重症のてんかん患者に対して、脳梁を切断することにより、左右の大脳半球を分離する手術が行われることがあった。片方の大脳半球でおきたニューロンの異常な活動が、もういっぽうの大脳半球に広がるのを防ぐためである。

手術をするとてんかんの発作が和らぎ、患者はふつうに生活を送れるようになる。はたから見る限りは、とくに生活に支障があるようにも見えない。しかし、どうやら分離脳の患者は、一人ではなく二人になっているようだ。脳梁を切断すると、意識が二つに分かれるらしい。

大脳が二つになっても、それぞれの意識のレベルはあまり変わらない。ただし、それぞれの大脳半球だけでできることは少し減るようだ。話すのはたいてい片方だけで、もう片方は話さないことがふつうである。話さない代わりに、絵を描くのが上手な場合もある。

おそらく脳梁は、大脳のなかでは比較的つながりが弱い部分なのだろう。そのため、切断されても、統合された情報量はそれほど減らなかったと解釈できる。もしも、つながりの強いところで切断したら、たとえば、大脳を前後に真っ二つにしたら、意識に甚大な障害が出るだろう。

ただし、分離脳の患者の意識については、それほどよくわかっているわけではない。かつては片方の大脳半球が経験したことは、もう一方の大脳半球の意識にはまったく上らないという報告もあった。分離脳の患者には、完全に別々の二つの意識が存在するというのである。

しかし、最近では、右半球に見せられた物を、左半球が言葉で答えることができるという報告もある。これは、意識は分離しているが、感覚は共有しているということだろうか。また、分離脳の患者のなかには車の運転ができる者もいる。完全な別人格が一人の体のなかに宿っていたら、さすがに危なくて、車の運転はできないのではないだろうか。

とはいえ、患者自身の報告や片方の大脳半球だけに刺激を与える実験などによれば、意識が何らかの形で二つに分かれることは事実のようである。

意識を測ることはできるか

それでは、今度は、意識を測ることを考えてみよう。統合情報理論が正しければ、意識があるときは、情報量が多いだけでなく統合性も高いはずだ。

脳のなかで、とくにつながりの強い部分は、大脳の皮質と間脳の視床である。この部分（視床皮質系）では、さまざまな領域が多くの軸索で結び付けられている。近くの領域同士だけでなく、遠くの領域同士も結び付けられている。大脳皮質は視覚野や聴覚野など細分化した専門部位に分けられるが、それらはすべて統合されているのである。おそらく意識にもっとも関係が深いのは、この視床皮質系だろう。

もし、そうであれば、視床皮質系以外の部分は、意識にほとんど関与していないことになる。脳は大脳、間脳、小脳、脳幹の四つに分けられるが、そのなかで大脳の基底核や小脳と脳幹は、意識に関与していないのだ。

さきほど、ニューロンの活動量と意識の有無のあいだには、あまり関係がないことを述べたが、それも以上の話から納得できる。そもそも脳のかなりの部分は意識に関与しないのだ。意識に関与するニューロンの活動も、関与しないニューロンの活動も、一緒に測っていては、意識の有無はわからないだろう。

さらに言えば、視床皮質系のニューロンが活動していても、統合性が低下していれば、意識は生じないと考えられる。夢を見ないで眠っているときには、こういう状態になっている可能性が高い。

また、ニューロンの活動が同期していることと、意識の有無とのあいだにも、あまり関係がないことを、さきほど述べた。これも、以上の話から説明することができる。

たとえば、日本中の時計の時刻を、何らかの方法でいっせいに合わせたとしよう。すると、それらの時計は、１時間経っても２時間経っても、日本中で同じ時刻を示し続ける。つまり同期し続けるのだ。

しかし、それらの時計は統合されていない。いや、最初に時刻を合わせた瞬間だけは、何らかの意味で統合されていたかもしれないが、その後はずっと、バラバラに存在しているだけだ。同期しているからといって、統合されているとは限らないのである。

それでは、意識を測るためには、どうしたらよいだろうか。

もし、脳の離れた場所で、二つのニューロンが同時に発火したとしても、それだけでは、お互いに影響があるかどうかはわからない。それは、時計のたとえからも明らかだ。外部から観察するだけでは、統合されているかどうかはわからないのである。

しかし、片方のニューロンを変化させれば、影響があるかどうかを確認することができる。片方のニューロンの活動を変化させたときに、もう一方のニューロンの活動も変化すれば、二つのニューロンのあいだで情報が伝わっていると解釈できるわけだ。具体的には、視床皮質系の一部を刺激して、その影響が視床皮質系の全体に広がれば、情報が統合されていると解釈できることになる。

たとえて言えば、視床皮質系を叩いて、そのエコーを聞けばよいのだ。これは、ある物体の内部構造がわからない場合、私たちがしばしば行っている方法だ。スイカが食べごろかどうか知るために、指で叩いて、返ってきた音で判断する人がいるが、それと似たようなものだ。

もし、統合性が低い場合は、弱いエコーしか聞こえないだろう。叩いた場所か、その近くの領域しか反応しないからだ。もし、情報量が少ない場合は、単純なエコーしか聞こえないだろう。ほとんどの場所が、同じように反応するからだ。しかし、統合性も高く情報量も多い場合は、時間的にも空間的にも広がりのある、強くて複雑なエコーが聞こえるはずだ。

もし、統合情報理論が正しければ、これが意識のある状態となる。

脳のエコーを聞く

視床皮質系を叩いて、そのエコーを聞くことは可能である。

まず、視床皮質系を叩くためには、頭蓋骨を切り開いて、脳の表面に直接電極を当てることもできなくはない。しかし、通常は、頭蓋骨を切り開くことなく、脳を外側から刺激する方法が使われる。経《けい》頭《ず》蓋《がい》磁気刺激法（ＴＭＳ）は、そのような方法の一つである。

頭部に置いた電磁石に瞬間的に電流を流すと、ファラデーの電磁誘導の法則によって、周囲に磁場が発生する。この磁場が変化することによって、脳内のニューロンに直接電流を誘導する、つまりニューロンを発火させる、というのがＴＭＳの原理である。

ＴＭＳのよいところは、すばやく刺激できるところだ。刺激をミリ秒単位でコントロールできるので、すばやく返ってくるエコーを聞くために適した方法と言える。

そして、返ってきたエコーを聞くためには、脳の電気活動を記録する脳波計を使えばよい。頭皮にたくさんの電極をつけて、脳のさまざまな部位が活性化するかどうかを、脳波

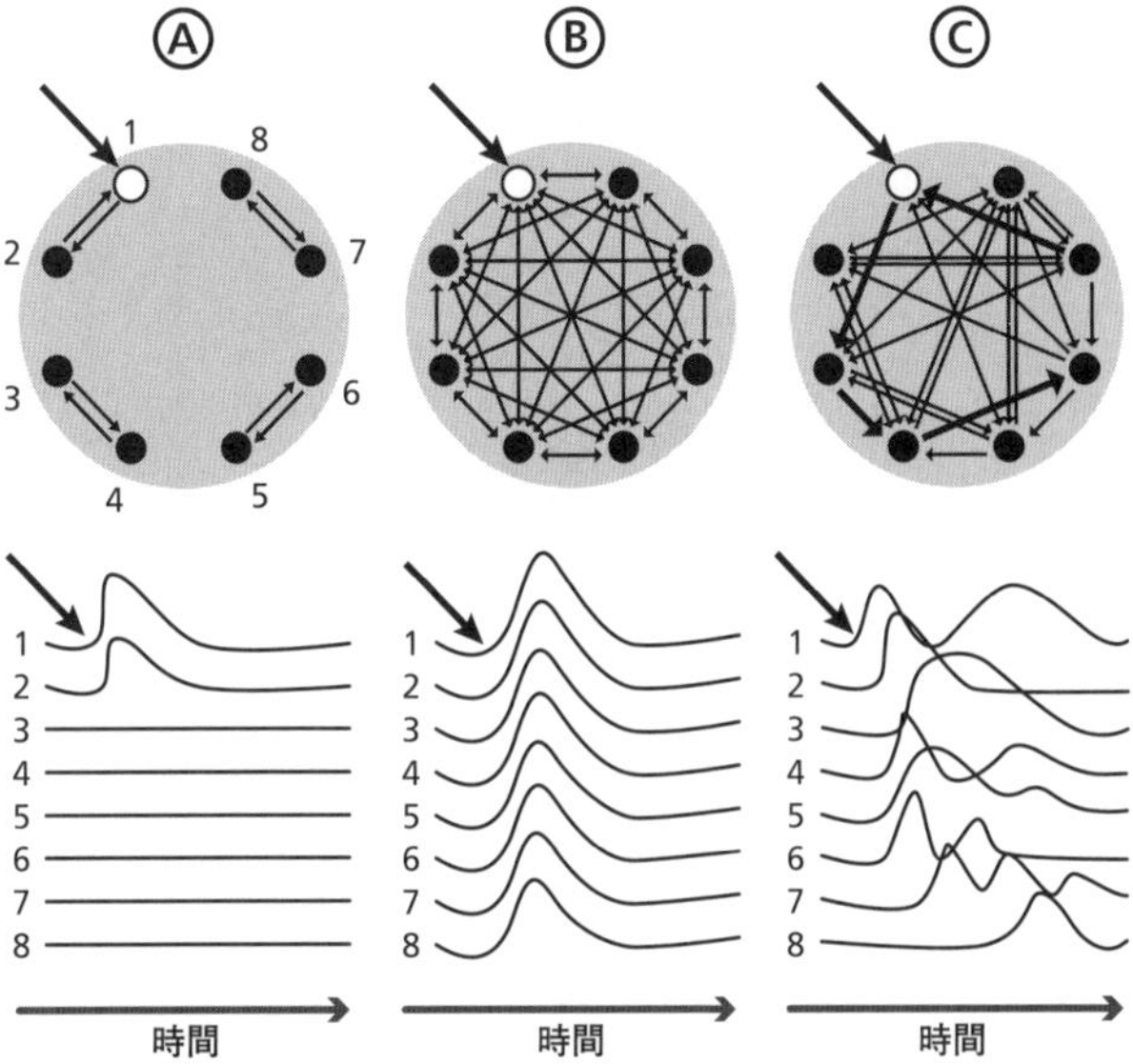

仮想的なシステムにおける脳波のイメージ

Simone Sarasso et al. (2014) Quantifying Cortical EEG Responses to TMS in (Un) consciousness. *Clinical EEG and Neuroscience*, 45, 40-49.を改変。

を使って確認するのだ。

それでは、どんな脳波が観測されれば意識があると解釈できるのかを、仮想的なシステムで考えてみよう。

図のA、B、Cは、いずれも8個のニューロンから成るシステムで、それぞれのニューロンには1から8まで番号が振ってある。あまりにも単純だが、いちおう脳のモデルである。

Aの上図は、統合されていないシステムで、二つのニューロンがペアになって相互作用をしている。二つのニューロンで一つのモジュールをつくっているので、全部で四つのモジュールがある。この四つのモジュールのあいだには、相互作用がまったくない。ニューロン1に刺激を与えても（Aの上図の矢印）、活動を始めるのはニューロン2だけで、他のニューロンにはまったく影響しない。したがって、このシステムは統合されていない。

　このシステムのニューロン1に刺激を与えた場合の脳波が、Aの下図に示してある。左の番号はニューロンの番号である。ニューロン1に与えた刺激の影響は局所的で、ニューロン2の活動を引き起こすだけである。

　Bの上図は、情報量の少ないシステムで、それぞれのニューロンが残りのすべてのニューロンと相互作用をしている。たとえば、ニューロン1に刺激を与えると、他のすべてのニューロンが活動を始める。そのため、これは一つに統合されたシステムである。しかし、情報量は少ない。なぜなら、どのニューロンを刺激しても、結果が同じになるからだ。このシステムが取りうる状態は、基本的には二つしかない。すべてがオンかオフのどちらかだ。

　このシステムのニューロン1に刺激を与えた場合の脳波が、Bの下図に示してある。ニューロン1に与えた刺激の影響は全体に及ぶが、どのニューロンの波形も同じである。他のニューロンを刺激しても同じ結果になるため、多様性が少なく、情報量も少なくなる。ちなみに、Aの上図のシステムの場合は、刺激するニューロンによって、活動を始めるニューロンが異なる。ニューロン1を刺激すればニューロン2が活動を始めるし、ニューロン3を刺激すればニューロン4が活動を始めるのだ。そのため、このシステムが取りうる状態の数はそこそこ多く、情報量もそれほど少なくない。

Cの上図は、情報量も多く、統合性も高いシステムである。それぞれのニューロンのつながり方が一様ではないので、どのニューロンを刺激するかによって、さまざまな結果が起きる。そのため、システムが取りうる状態の数は多く、情報量の多いシステムとなっている。しかも、どのニューロンも、他の（すべてではないが）多くのニューロンと影響し合っているので、どのニューロンを刺激しても、その影響はシステム全体に及ぶ。したがって、これは一つに統合されたシステムでもある。

このシステムのニューロン1に刺激を与えた場合の脳波が、Cの下図に示してある。ニューロン1に与えた刺激の影響は全体に及び、しかもニューロンごとに異なる波形を生じさせる。そのため、波形が複雑になるうえに、どのニューロンを刺激するかによって、結果がまったく違ってくる。そのため、統合性も高く、情報量も多くなっている。したがって、意識のある状態はＣということになる。

さて、統合情報理論に基づいて、意識について考えてきたが、そもそも統合情報理論というものは、どこまで当てになるのだろう。もしかしたら、統合情報理論は机上の空論かもしれない。実際に私たちの脳波は、統合情報理論が予測するようなパターンを描くのだろうか。

統合情報理論は当てになるか

それを確かめるために、さまざまな状況で実験が行われている。たとえば、被験者の頭皮に数十個の電極を取り付けたうえで、脳に局所的な刺激を与え、脳のさまざまな部位の脳波を計測するのである。そうすると、ほぼ統合情報理論の予測通りの結果が得られるようだ。

まず、覚醒している状態では、さきほどの図のＣの下図のような、複雑な波形が観測される。これは、そのときの脳が、統合性も高く、情報量も多いことを示している。覚醒していれば意識はある、と考えれば、これは統合情報理論と矛盾しない結果である。

いっぽう、夢を見ないで寝ている状態では、Ａの下図のような、単純な波形が観測される。反応するのは直接刺激を受けた部位だけで、他の部分はほとんど反応しない。これは、そのときの脳が、統合性が低いことを示している。夢を見ないで寝ているときは意識がないと考えれば、統合性が低いので意識が失われていると解釈できる。そう考えれば、これも統合情報理論と矛盾しない結果と言える。

ちなみに、夢を見ていなかったことを確認するのは難しい。統合情報理論の提唱者であるジュリオ・トノーニが共同研究者と行った実験では、夢を見ることが少ないと言われているノンレム睡眠中に計測したうえで、計測後に被験者を起こして、夢を見ていなかったかどうか質問することによって判断している。

それでは、夢を見ているときの脳は、どうなっているのだろうか。夢を見ているときの脳波をＴＭＳ脳波計で確認すると、覚醒時と同じパターンの波形が観測される。夢を見ているときは意識があると考えれば、これも統合情報理論と矛盾しない結果と言える。

ちなみに、この実験では、夢を見ることが多いと言われるレム睡眠中に計測したうえで、計測後に被験者を起こして質問することによって、夢を見ていたことを判断している。

以上のほかにも、いろいろな被験者、たとえば麻酔中の患者などを対象にして実験が重ねられたが、おおむね予想通りの結果が得られている。どうやらエコーとしての脳波の複雑さは、意識レベルの指標になりそうである。

哲学的ゾンビは存在しない

もしも、統合情報理論が正しいとすれば、情報量が多くて統合性が高いシステムには、意識が生じる可能性があることになる。そして、もしも情報量が多くて統合性が高いシステムには、かならず意識が生じるのであれば、哲学的ゾンビは存在しないことになる。

もし電磁波などの知識がまったくない人がスマートフォンを見たら、とても不思議なものだと思うのではないだろうか。どう見ても、スマートフォンは単なる物質にすぎない。分解して中の構造を調べても、やはりただの物質だ。それなのに、なぜ通話をしたり動画を見たりできるのだろうか。

電磁波などの知識がなければ、いくらスマートフォンの構造を調べても、スマートフォンの機能は理解できないだろう。そして、実際に手で触ることができる物質としてのスマートフォンと、外から情報を運んでくる非物質的な電磁波とのあいだに、いかなる関係も想定できないかもしれない。そうであれば、スマートフォンのゾンビを想像することになるかもしれない。

形や構造はスマートフォンとまったく同じだが、通話をしたり動画を見たりする機能だけがない。それがスマートフォンのゾンビだ。そういうものを、頭のなかで想像することはできる。しかし実際には、そんなものはありえないだろう。

いかなる物理的な観測によってもスマートフォンと区別がつかないなら、それはスマートフォンだ。それなら、不可避的にスマートフォンの機能を持ってしまうに違いない。つまり、スマートフォンのゾンビは存在しないのだ。

いっぽう、哲学的ゾンビは、いかなる物理的な観測によっても人間と区別がつかないものであるから、哲学的ゾンビの脳も、人間の脳とまったく同じである。したがって、情報量が多くて統合性が高いシステムである。その場合、哲学的ゾンビにも、不可避的に意識が生じてしまうのではないだろうか。

そうであれば、意識は進化によって生まれた可能性が高い。人間には、「形態と活動」と「意識」がある。いっぽう進化は、おそらく「意識」には直接作用できないけれど、「形態と活動」には作用できる。そして、「形態と活動」が「意識」とリンクしていれば、進化が「形態や活動」に作用することによって、間接的に「意識」を進化させることができるからだ。

それは、スマートフォンにも当てはまる。スマートフォンの機能はずいぶん進歩したけれど、人間はスマートフォンの機能を直接進歩させることはできない。人間にできることは、スマートフォンの構造を変化させることだけだ。しかし、構造と機能はリンクしているので、構造を変化させることによって、機能を進歩させることができるのだ。

さて、意識が進化によって生じたのであれば、生物にとって意識があることは有益だったのだろうか。それとも意識は、意識以外の何かが進化したことによって、単なる副産物として生じただけなのだろうか。このような疑問を考察するにあたって、興味深い実験がある。それは、サルの盲視に関する実験だ。

第12章　進化最大の謎に迫る

見えなくても見えている

血管の障害などによって、大脳皮質の視覚野が損傷した場合、視覚が失われることが知られている。

そういう患者に向かって、医師が自分の人差し指を立てて、「見えますか？」と聞くと、当然「見えません」と答える。次に、「でたらめでよいので、私の人差し指を、あなたの指で指差してください」と医師が言うと、不思議なことに、患者は正しく指差せる場合がある。

あるいは、やはり視覚を失った患者に、ゴミ箱やカメラ用三脚などの障害物がある廊下を歩いてもらうと、たくみに障害物をよけながら歩いていくこともある。このような現象を盲視と言う。

盲視の患者は、本当は見えているのに「見えていない」と嘘を吐いているわけではない。あるいは、ぼんやりと見えているわけでもない。少なくとも意識のうえでは、本当にまったく見えていないらしい。

眼から入ってくる視覚情報は、通常は大脳の視覚野という領域に向かうが、それとは別に、脳幹の上丘《じょうきゅう》に向かうマイナーな経路もあるらしい。そして、こちらのマイナーな経路は、意識とは関係なく働いているようだ。おそらく盲視の患者の場合、視覚野は損傷していても、マイナーな経路が働いている。そのため、見えているという意識がなくても、視覚情報は脳に入ってくるので、物をよけて歩いたりできるのだろう。

この盲視という現象は、サルでも知られている。視覚野に障害を持つサルが、盲視の患者と同じような行動をするのである。しかし、サルの場合は、本当に見えていないのかどうか、言葉で教えてもらうことができない。そこで、ユニークな実験が行われた*。

視覚野に障害を持つサルの前にコンピュータの画面を置いて、画面に点を表示したり、表示しなかったりしたのである。点が表示される位置は、画面の上部の場合と下部の場合の2通りがある。そうして、サルの視線の動きを調べたのだ。

サルにはジュースを報酬として与えたりして訓練をしておくのだが、そこは省略して結論を述べると、上か下に点を表示したり、まったく表示しなかったりした場合は、点が表示されていてもかなりの確率で、点が表示されていないと答えた（視線を中央に向けたままだった）。しかし、かならず上か下に点を表示したうえで、上か下かを強制的に選択させた場合は、約90パーセントという高い確率で正解した（視線を正しく上か下に向けた）。つまり、点があるかないかはわからないにもかかわらず、点がどこにあるかはわかるということだ。

これは人間の盲視患者と同じ反応なので、視覚野に障害を持つサルも、「視覚情報は脳に入ってきているのだが、意識のうえでは物が見えていない」ことを示唆していると考えられる。

さて、実験の趣旨とは異なるのだが、この結果を進化の文脈で考えてみよう。この実験では、サルが正解したり不正解したりした。正解した場合は状況（点の有無や位置）を正しく判断した場合で、報酬（ジュース）がもらえた。不正解だった場合は、状況を正しく判断しなかった場合で、報酬がもらえなかった。つまり正解したほうが、サルが生きていくう

---

* Yoshida and Isa. (2015) *Scientific Reports* 5, Article number 10755. doi: 10.1038/srep10755.

えで有利だったと考えてよいだろう。

ここで、サルも人間と同じように盲視状態だったとすると、サルが意識的に判断した場合は正解率が低かったけれど、サルが無意識に判断した場合は正解率が高かったことになる。つまり、この実験のケースでは、意識がある状態より意識がない状態のほうが、生きていくうえで有利だったわけだ。

もっとも、この実験のような盲視状態は、生物が生きていくうえで、かなり例外的なケースだろう。したがって、一般化するには無理があるかもしれない。しかし、意識がないほうが生きていくうえで有利になるケースは、この例に限らず、けっこうたくさんあるようだ。

人間はロボットに勝てるか

オリンピックなどの陸上競技の大会では、スタートの合図から０・１秒以内に体が動くと、不正スタートと見なされて失格になる。０・１秒以内に体が動くと、音を聞く前にスタートしたと判断されるわけだ。

これは、人間が音を聞いてから体が反応するまでに、少なくとも０・１秒はかかるという医学的根拠に基づいている（ただし、0・1秒以内に反応できる選手がいる可能性も否定はできない）。世界レベルの選手の場合、この反応速度は0・14秒ぐらいが基準とされるらしい。0・12秒なら好スタートで、0・16秒なら遅いスタートというわけだ。

　しかし、一般には、刺激を受けた感覚が意識に上るためには、0・3〜0・5秒かかる。これは、結構遅い。意識が生じるためには、視床大脳皮質系の複雑な活動が必要とされるからだろう。さまざまな情報を統合するには、時間がかかるのである。

　いっぽう、小脳の処理速度はかなり速い。それは、たくさんのモジュールの情報を統合せずに、それぞれのモジュールのなかで処理するからだ。陸上競技の大会で、スタートの合図から0・12秒でスタートした場合は、小脳などが関わっていたのだろう。もちろん大脳も処理に関係していただろうが、どちらにしても、スタートした時点では、合図の音は意識に上っていないと考えられる。意識のうえでは、合図の音はスタートした直後にやってくるはずだ。

　つまり、意識してから反応するのは、遅いのである。ピアノを弾いているときのすばやく正確な指の動きや、プロのサッカー選手が見せる神業《かみわざ》のようなスーパープレイは、無意識に行っていることであって、意識してできることではない。いや、それどころか、指や

人間と一緒に作戦に参加する軍事ロボット犬
写真：US MARINES

足の動きを意識してしまったら、ピアノの演奏やサッカーはできないはずだ。すばやく正確に行動するためには、むしろ意識は邪魔なのである。

近年、ロボットの技術が進歩したため、軍事用ロボットがいくつも製作されている。そのなかでも、アメリカの軍事ロボット犬は有名だ。このような技術が軍事目的で使われることは残念だが、軍事ロボット犬自体はたいへん興味深いものである。

軍事ロボット犬は四足歩行で歩くので、車輪やキャタピラでは進めない悪路でも歩くことができる。階段も登れるし、足が着くぐらいの深さの川を渡ることもできる。人間に蹴り倒されても、すぐに起き上がるし、つるつる滑る氷のうえでバランスを取ることもできる。人工知能が搭載されていて、自律的に動くことができるので、はたから見ていると、まるで本物の犬のようだ。しかも、この軍事ロボット犬は、背中にライフルを搭載することもできるのだ。

ただし現時点では、ライフルなどの武器に関しては、軍事ロボット犬が自律的に操作することは制限されている。あくまで人間が、遠隔操作をするようだ。とはいえ、軍事ロボット犬が自律的に武器を操作できるようにすることは、技術的には可能である。もし、そんな軍事ロボット犬と闘わなければならなくなったら、と思うとゾッとするのは、私だけではないだろう。

私たちは、軍事ロボット犬のように意識のないものと競争することが苦手である。意識がなければ、迷ったり恐れたりしないで、その状況における最善の一手を指してくるような気がするからだ。

もちろん、はっきりしたことはわからない。意識のないものと競争した経験がある人は、ほとんどいないからだ。しかし、意識を生じるために、脳の複雑な活動が必要であるならば、意識のない者は、その複雑な活動をしなくてよいことは確かである。となれば、その複雑な活動のために使っていたエネルギーを、他の活動に回すことができるはずだ。少なくとも行動においては、意識がないほうが有利なのではないだろうか。

意識はかえって邪魔になる

たしかに、正確ですばやい行動をするには、意識は邪魔かもしれない。それでは、知能についてはどうだろうか。高度に知的な活動をするためには、やはり意識が必要なのではないだろうか。それについても検討してみよう。

シュリニヴァーサ・アイヤンガル・ラマヌジャン（1887〜1920）は、天才の名をほしいままにしたインドの数学者である。母親から徹底したヒンドゥー教の宗教教育を受けたが、学校の成績は悪くて、数学の正式な教育も受けていない。しかし、15歳のときに数学の公式集に出会ったことから、数学に没頭していくことになる。

その後、インドのパッチャイヤッパル大学に入学したが、学位認定試験に2年連続で落ちてしまう。そのため奨学金を打ち切られて、学位を取れずに退学する。その後、マドラス港の事務所で働きながら、数学の研究を続けていたという。

学校ではパッとせず、研究とは直接関係のない仕事につきながら、空いた時間で研究をしていたなんて、アインシュタインを思い出させるエピソードだ。

そうして、いくつか新しい定理を発見したラマヌジャンは、研究成果を何人かの数学者に送った。それがイギリスの数学者、ゴッドフレイ・ハロルド・ハーディ（１８７７〜１９４７）の目に留《と》まり、ケンブリッジ大学に招聘《しょうへい》されることになった。

ラマヌジャンがどのようにして定理などを発見したのか、その思考の道筋はわからないが、参考になる発言をラマヌジャンはしている。ラマヌジャンによると、女神が完全な形の方程式を夢のなかで囁《ささや》くらしい。

キム・ピーク（１９５１〜２００９）はユタ州生まれのアメリカ人だが、脳梁が欠損していた。小脳も小さく、その他にも異常な構造がいくつも脳に認められた。彼は父親に手助けしてもらいながら、日常生活を送っていた。

しかし、ピークは記憶力が非常に発達していた。９０００冊以上の本を丸暗記していたと言われている。また、誰かが自分の誕生日を言えば、１秒も経たずに、その日が何曜日だったかを答えることができた。その他にも、ピークの記憶力に関する逸話はたくさんある。

ピークのように、何らかの発達障害のある人が、特定の分野で突出した能力を持つことを、サヴァン症候群という。サヴァン症候群を扱った映画「レインマン」に登場する、ダスティン・ホフマン演じるレイモンド・バビットは、このピークがモデルである。

サヴァン症候群の人々の突出した才能は、芸術、音楽、数学などの分野によくみられる。トーマス・ウィギンズ（１８４９～１９０８）も、そんなサヴァン症候群の一人だった。目が見えなかったので、ブラインド・トムとも呼ばれたが、音楽の分野で突出した才能を持っていた。他の人の演奏を一度聴いただけで、熟練した音楽家のようにピアノを弾くことができたという。また、複数の曲を同時に演奏することもできたらしい。ある批評家はトムのことを、誰かに指令されて動いている、意識のない代行者のようだと評していた。

ラマヌジャンにしても、サヴァン症候群の人々にしても、本人には並外れた能力がどうやって働くのかわからないようだ。ラマヌジャンが定理を発見したとき、ピークがある人の誕生日が何曜日かを答えたとき、それらを導いた論理的思考は、無意識のうちに行われたのだと考えられる。

そう考えると、意識がなくても、高度な思考をすることはできそうだ。いや、むしろ驚異的な知的能力を発揮するためには、意識はかえって邪魔になるのかもしれない。そもそもスーパーコンピュータにも（統合情報理論が正しければ）意識が宿っていないのだから、高度な思考に意識が必要ないことは明らかだろう。ちなみに、２０１８年から２０１９年にかけてスパコンランキングで１位だったサミットが１秒間で行う計算を、人間の脳で行うと６３０億年かかるそうである。

虫が良すぎる話の裏側

哲学的ゾンビが存在しないとすれば、つまり私たちと完全に同じ構造を持つ物体がかならず意識を持つとすれば、意識は進化によって生じた可能性が高い。進化は私たちの形態や行動に作用することによって、間接的に意識にも作用しうるからだ。

しかし、意識が、行動においても思考においても有益でないなら、どうして意識が進化したのだろうか。それでは、意識の進化について、少し別の面から考えてみることにしよう。

１９６０年代から70年代にかけての話である。フランス政府は、地中海沿岸を訪れる観光客を増やすために、定期的に殺虫剤を撒《ま》くことにした。地中海沿岸は温和な気候なので、多くのアカイエカが生息していたからである。

１９６９年に計画がスタートすると、着実にアカイエカは減少し、住民が刺されることも少なくなった。計画は成功したように見えた。ところが、１９７２年になると、ふたたびアカイエカは増え始めた。殺虫剤に抵抗性を持つアカイエカが現れたからである。
抵抗性を持つアカイエカは、ある遺伝子に変異が起きて、エステラーゼという酵素を大量につくることができる。このエステラーゼは、殺虫剤を分解して無毒化する。そのため、殺虫剤を撒かれても死なないのだ。

こうして、沿岸部では、抵抗性のアカイエカが増えていった。ところが、内陸部では相変わらず、感受性（殺虫剤で死んでしまうこと）のアカイエカが多いままだった。たしかに、内陸部では殺虫剤を撒かないので、感受性のアカイエカでも生きていける。しかし、アカイエカは沿岸部と内陸部を行き来しているので、時間が経てば内陸部でも抵抗性のアカイエカが増えていきそうなものだ。ところが、なぜか一定数以上には増えないのである。

その理由は、モンペリエ大学の研究者によって明らかにされた。抵抗性のアカイエカは、感受性のアカイエカよりも、クモなどの捕食者に捕まる割合が高かったのである。

沿岸部では殺虫剤が撒かれるので、感受性のアカイエカよりも抵抗性のアカイエカのほうが有利だ。しかし、内陸部では殺虫剤が撒かれないので、殺虫剤に対する抵抗性は何の役にも立たない。むしろ、クモなどに捕まりやすい抵抗性のアカイエカより、感受性のアカイエカのほうが有利になる。つまり、沿岸部では抵抗性が有利だが、内陸部では感受性が有利になる。両者のあいだには行き来があるので、バランスを取って一定の割合に落ち着いていたのだろう。

さて、ここで重要なのは、なぜ感受性よりも抵抗性のほうが、クモなどに捕まりやすかったのか、ということだ。じつは抵抗性のアカイエカは、大量のエステラーゼをつくることにより、殺虫剤を無毒化していた。しかし、大量のエステラーゼをつくるためには、エネルギーが必要なはずである。

仮に、感受性のアカイエカも、抵抗性のアカイエカも、生きていくために使えるエネルギーは同じだとしよう。抵抗性のアカイエカは、そのエネルギーの一部を使って、エステラーゼを大量につくらなくてはならない。そのため、残りのエネルギーが少なくなって、動きや感覚が鈍くなった結果、クモなどに捕まりやすくなったのかもしれない。いっぽう、感受性のアカイエカは、生きていくために使えるエネルギーを、生きていくために全部使える。そのため、動きや感覚が鋭くなって、クモなどに捕まりにくかった可能性がある。

殺虫剤への抵抗性を手に入れれば、動きの俊敏さを失うことになる。何も失わずに、何かを得るなんて、虫が良すぎるのだ。そうであれば、意識についても、同じことが言えるのではないだろうか。

意識のメリット、デメリット

仮に統合情報理論が正しいとすると、意識が生じるためには、複雑なニューロンの活動が必要になる。つまり、意識がない場合と比べて、エネルギーが余分にかかるわけだ。そういうデメリットがあるにもかかわらず、意識は進化した。ということは、素直に考えれば、意識には人間が生きていくうえで、あるいは子孫を残していくうえで、デメリットを上回る何らかのメリットがあるということになる。

それでは、意識のメリットとは何だろうか。

意識のメリットは、他人の心を推し量れることだ、という意見がある。たしかに、他人の心をシミュレートして推し量ることができれば、生きていくうえでいろいろと役に立つに違いない。

でもそれは、意識が最初に進化した理由ではないだろう。他人の心を推し量るためには、すでにその他人に、かなり発達した意識がなければならないからだ。とはいえ、意識がある程度発達した後では、他人の心を推し量れることがメリットとなって、さらに意識が高度に進化した可能性はあるだろう。

さまざまな難題に対処して、目的に向かって柔軟に行動できることが、意識のメリットだという意見もある。たしかに、生きていれば、経験したことのないような困難に出くわすこともある。そういうときには、状況をきちんと把握して、それを乗り切るために柔軟で複雑な行動をすることが求められるが、それらは意識があるときに行われることがふつうである。この１００年あまりのあいだに、数十人の哲学者や科学者が、意識のメリットについてさまざまな意見を述べているが、そのなかで比較的多いのが、この意見である。

逆に意識があると、生存や繁殖に不利になる状況は考えやすい。進化によって最適化されている生物の行動を、意識は乱すことができるからだ。

コブハサミムシは日本に生息するハサミムシで、母親は冬に数十個の卵を産む。そして、春先になると卵が孵《ふ》化《か》して、白くて透明な幼虫たちが現れる。そして、１日ぐらいで幼虫は親と同じような黒っぽい色になる。この幼虫たちの最初のエサになるのが、母親なのだ。

母親は、幼虫たちが孵化した後も、その場に留《とど》まっている。そのうちに、幼虫が、母親の背中に上ったり、足に噛みついたりし始める。逃げようと思えば逃げられそうに見えるけれど、母親は逃げ出さない。やがて、数十匹の幼虫にたかられて、体を少しずつ食べられていく。数日で母親の体は食べ尽くされ、頭部や鋏《はさみ》などの硬い部分だけが、バラバラになって残されていたりする。それから、幼虫たちは周辺の木や草へと散らばって、単独生活を始めるのである。

母親を食べるというコブハサミムシの行動が、自然淘汰による進化で生じたことは疑いない。自然淘汰では、子孫をたくさん残せる形質が増えていくのである。コブハサミムシの母親にとっては、自分の体を食べさせるという形質が、子をたくさん残せる形質なのだ。ところで、コブハサミムシには意識があるのだろうか。もし、なければ、自分の体を食べさせるという形質が進化することに、とくに不思議はない。しかし、もしコブハサミムシの母親に意識があったらどうなるだろう。自分の子供たちに足や体を噛まれる痛さに耐え切れずに、逃げ出す母親も出てくるのではないだろうか。その場合は、意識があるほうが、進化においては不利になる。

いや、もしかしたら、コブハサミムシには意識があるのだが、何らかの理由で体が動かなくて、逃げ出せないのかもしれない。この場合でも、意識に反して体を動かなくする仕掛けをつくるために余分なエネルギーが必要なので、意識があるほうが不利になるだろう。

コブハサミムシの話は極端かもしれないが、意識があるほうが自然淘汰において不利になることは、しばしばあると考えられる。意識には強烈な自己保存に対する欲求があるので、子孫を多く残すことと、自己保存の欲求が対立する場合は、意識があるほうが自然淘汰において不利になるからだ。

もっとも、反対に、自己保存の欲求が子孫を多く残す結果になることだって、ないことはない。たとえば戦国時代に、自分が死にたくないために、相手を斬って斬って斬りまくり、なんとか生き残ることができたおかげで、その後結婚して、子供をたくさん残せた、そんなケースもあっただろう。でも、自己を保存するためなら、とくに意識は必要ないのではないだろうか。

自然淘汰によって進化するためには、子孫をたくさん残すことが必要だ。そして、子孫をたくさん残すためには、自己を保存するほうがよい場合と、自己を犠牲にするほうがよい場合の2通りがあるだろう。だから状況によって、両者を使い分けるようにプログラムされている個体が、もっとも適応的だと考えられる。

どんな状況でも、つねに自分を犠牲にするようにプログラムされているような個体は、すぐに死んでしまうだろう。また、どんな状況でも、つねに自分を保存するようにプログラムされているような個体は、自分の寿命を延ばすことには最適化されているかもしれないが、たくさんの子孫を残すためには最適化されていないだろう。

したがって、長い目で見れば、自己保存と自己犠牲を使い分ける個体が進化して、つねに自己犠牲する個体や、つねに自己保存する個体は進化しないはずである。

意識のある個体が、この3者のうちのどれに一番近いかと言えば、それはつねに自己保存する個体だろう。もちろん意識のある個体が自己犠牲する場合もあるけれど、意識のない個体よりその回数は少ないのではないだろうか。そう考えると、意識が進化によって生じたことは間違いないとしても、意識の存在自体が適応的だったわけではないかもしれない。

生存のためのツートップ

意識がなぜ進化したかを考えるために、意識が自然淘汰において適応的かどうかを検討してみた。しかし、今一つしっくりこない。適応的なところもありそうだが、適応的でないところもけっこうありそうだ。ひょっとしたら、「意識が適応的かどうか」と考えること自体が、間違っている可能性はないだろうか。

もしも意識が何かのために適応しているのであれば、意識はその何かのために存在することになる。つまり、意識よりも大切なものがあるということになる。

しかし反対に、意識が何かのために適応しているのでなければ、つまり、何かのために存在するのでなければ、意識よりも大切なものはなくてもよいということになる。何だか屁理屈みたいだけれど、この辺りは、「意識がある」を「生きる」に置き換えてみるとわかりやすいかもしれない。

かなり乱暴に単純化すると、生命の誕生は以下のようなものになる。有機物がたまたま組織化されてある構造が生じた。その構造はたまたま自己を維持するようになり、たまたま同じ構造を増やすようになった。ちなみに、ここで言う「たまたま」は、神のような存在が関与していないという意味である。

この、たまたま生存して繁殖するようになった構造が、生物なのだ。「生存して繁殖する」ことを「生きる」と表現すると、たまたま「生きる」ようになった構造が生物ということになる。

たまたま「生きる」ようになった理由は、たまたま「生きる」ために有利な形質を持っていたからだろう。そして、そのなかでも、たまたまさらに有利な形質を持っていたものが、生き残っていった。たとえば、泳ぐための鞭毛《べんもう》を持っていたものが生き残ったりしたわけだ。これが、自然淘汰による進化である。

つまり「鞭毛」は「生きる」ために役立つ。「生きる」ために、「鞭毛」にはメリットがある。いっぽうで、「生きる」ことにメリットがあるわけではない。というか、メリットがあるかないかと考えること自体がおかしいだろう。

かつての地球には、たまたま「生きる」ようになったものも、たまたま「生きない」ようになったものもいた。そのなかで「生きる」ようになったものを生物と呼んでいるだけなのだ。

たまたま「生きる」ようになっただけだから、「目的」という言葉を使うのは少しおかしいけれど、比喩として使うことを許してもらえれば、「生物にとっては『生きる』ことが目的になっている」と言えるだろう。つまり、生物は生きるために生きているのだ。「生きる」ことが目的で、「鞭毛」は手段である。「鞭毛」は「生きる」ためにメリットがある手段なのだ。そして「意識」は、どちらかというと、「鞭毛」ではなく「生きる」ことに近いのではないだろうか。「意識」は「目的」であって「手段」ではないかもしれない。その場合は、意識にメリットがあるかどうかを考えることに意味はないことになる。

この辺りは人によって感じ方が違うかもしれないが、「命が大切だ」と「意識が大切だ」は、ほとんど同じ意味ではないだろうか。「死ぬのが怖い」のは、「意識が永遠になくなるのが怖い」からではないだろうか。もしかしたら、意識は命と並んで、もっとも大切なものかもしれない。

最初に意識が進化したころは、意識は脳の構造が複雑化したことによる副産物だったかもしれない。だが、たとえ副産物だとしても、いったん生じたからには、意識にも自然淘汰が作用し始めるだろう。

この時点では、「生きる」ことが目的で「意識」は手段だ。しかし、意識に強烈な自己保存への欲求があったとすれば、「意識」を存続させることを目的とした行動などが始まっても不思議はない。この場合、「意識」が目的で「行動など」が手段になる。

意識の進化には、このような「手段」と「目的」という二重性がありそうだ。子供が親を食べるコブハサミムシのところで述べたように、「生きる」ことを目的とした自然淘汰と「意識」の存続を目的とした自然淘汰は、（いつもではないが）ときに相反する。私たちも、たいていは生存と繁殖に有利な行動をしているけれど、ときにはそれに反する行動をすることもある。

それは、「生きるため」と「意識を存続させるため」というツートップのもとで生きているからかもしれない。もしかしたら、意識は生物に、進化の言うことを聞かなくさせる禁断の木の実だったのだろうか。

終章　愚か者たちの楽園

ネアンデルタール人への偏見

ネアンデルタール人（学名はホモ・ネアンデルターレンシス）はもっとも有名な化石人類である。私たちヒト（学名はホモ・サピエンス）より大きな脳を持っており、私たちと共存していた時期もあった。

ネアンデルタール人は、私たちと比べても、いろいろな意味で遜色《そんしょく》ない人類だ。しかし、一般的なイメージでは、ネアンデルタール人は私たちよりもはるかに野蛮で愚《おろ》かな人類と思われている。おそらく、その理由の一つは、時代に関して不公平な比較が行われているからだろう。

たとえば、狩りをするときに、私たちは銃を使うが、ネアンデルタール人は槍を使う、といったイメージがある。そのイメージでは、やはりネアンデルタール人のほうが愚かな感じがする。しかし、私たちが銃を使うようになったのは、ここ１０００年ぐらいの話で、ごく最近のことである。いっぽう、ネアンデルタール人は約３万９０００年前に絶滅している。３万９０００年前なら、私たちヒトだって銃なんか持っていない。やはり槍などを使っていたはずだ。

それなら、私たちヒトとネアンデルタール人のあいだに、それほど大きな違いはないだろう。時代を揃えて比べないと、不公平な比較になってしまうわけだ。

しかし、時代を揃えても、不公平な比較になることがある。たとえば、槍を投げるときに、腕だけで投げたら遠くへ飛ばすことはできないが、投槍器《とうそうき》を使えば遠くまで飛ばすことができる。

両者がヨーロッパで共存していた時代には、ヒトは投槍器を使っていたが、ネアンデルタール人はほとんど使っていなかったようだ。これはイメージではなく事実なので、やはりネアンデルタール人のほうが愚かだと結論したくなる。しかし、この比較も不公平だ。なぜなら、両者の人口が違うからである。

たしかに、当時のヨーロッパでは、多くのヒトが投槍器を使っていた。しかし、投槍器を使っているそれぞれのヒトが、自分で投槍器を発明したわけではないだろう。投槍器は約8万〜7万年前にヒトがアフリカで発明して、その技術がヨーロッパに伝えられたらしい。

人口が多ければ、発見や発明がなされることも多いだろうし、それが集団から集団へと広がっていくこともできる。しかし、人口が少なければ、発見や発明は少なくなる。しかも、集団同士も離れて孤立しているので、たとえ発見や発明があっても伝わりにくい。人口が少なければ、文化は停滞するのだ。

ヒトがヨーロッパに進出してきたのは、およそ4万7000年前だが、そのときすでに、ネアンデルタール人は寒冷化のために数を減らしていた。その後、約4万3000年前にヒトが大規模に侵入してくると、ネアンデルタール人の数はますます減って、ついに約3万9000年前に絶滅してしまったのである。

でも、もしもネアンデルタール人がたくさんいたら、そして集団同士で頻繁にコミュニケーションを取っていたら、投槍器だって発明したかもしれない。いったん投槍器が発明されれば、その情報はたちまち四方八方に伝わって、ネアンデルタール人もみんな投槍器を使うようになったかもしれない。そうであれば、私たちとネアンデルタール人のあいだに、それほど大きな違いはなかったかもしれないのだ。

これは私たちヒトの話になるが、アメリカ大陸におけるインカ文明やマヤ文明は、車輪を発明しなかったと言われる。だからといって、インカやマヤの人々が愚かだったわけではないだろう。

おそらく車輪を使わなかったのは、車輪付きの乗り物を引かせるウシのような大きな動物がいなかったためだ。どうせ使えないなら、それについて興味もなくなり、忘れ去られることだってあったかもしれない。実際、紀元前のアメリカ大陸から、車輪のついたおもちゃのようなものが発見されている。

投槍器を使わなかったからといって、車輪を使わなかったからといって、愚かだったとは限らないのである。

私たち自身への偏見

似たようなことは、私たちヒト自身についても言える。現在の私たちが、他の生物とはまったく異なる、驚異的な生物であることは間違いない。高層ビルのはるか上空には宇宙ステーションが浮かび、さまざまな情報がインターネットで世界中を行きかう。そんなことを成し遂げた生物は、私たちヒトしかいないからだ。

定住して都市をつくったり農業を始めたりしたのが一万数千年前で、それから文字を発明し、個体数も爆発的に増え、目を見張るような文明を築き上げた。しかし、私たちヒトについて語るときに、最近の一万数千年間だけに注目するのは不公平ではないだろうか。なにしろヒトは、約30万年前から地球に住んでいるのだから。

したがって、定住したり農業を始めたりする以前の28万〜29万年だって、やはり私たちはヒトだったのだ。もちろん、そのときから、私たちは他の生物や他の人類とはいくらか違っていただろう。しかし、その28万〜29万年間のあいだには、少なくとも文明を築くことはなかった。現在に比べれば、それほど他の人類種と違わない暮らしをしていたのだ。

もしも、この28万〜29万年間のあいだに絶滅してしまったら、私たちはありふれた生物の1種として、その歴史を終えたかもしれない。そして、私たちの代わりにネアンデルタール人が目覚ましい文明を築き上げたかもしれないのである。

たしかに、ネアンデルタール人の脳と私たちの脳は、かなり形が違う。そのため、私たちの脳のほうが、小さいけれど性能はよいのだ、という議論もある。しかし、もしそうだとしても、ネアンデルタール人が文明を築くことだって可能だったかもしれない。なぜなら、私たちの脳には、大きな潜在能力があるので、ネアンデルタール人の脳にも、大きな潜在能力があったと考えるほうが自然だからだ。

潜在能力を比較する

たとえば、こんなケースを想像してみよう。現在も狩猟採集生活をしているアボリジニの社会から、数学をまったく勉強したことのない子供を選んで、立派な教育機関に連れてくる。

そして、その子にきちんとした数学教育を受けさせれば、高度な数学を理解するようになる可能性は十分にあるだろう。もちろん、どこの社会にも数学が苦手な人はいるので、たまたま連れてきたアボリジニの子がそういう子だったらダメだけれど、ひょっとしたら反対にラマヌジャンのような天才かもしれないし。

それは冗談にしても、私たちの脳には、大きな潜在能力があるのは確かだろう。それなら、ネアンデルタール人の脳にも、大きな潜在能力があってもおかしくないはずだ。もし私たちが絶滅していれば、代わりにネアンデルタール人が文明を築くことだって、ありえたかもしれないのである。

フランスの南西部のブルニケル洞窟には、何万年ものあいだ、人が入ったことがなかっ

ブルニケル洞窟の石筍　写真：ロイター /アフロ

た。入り口が崩落していたからだ。しかし、1990年に洞窟探検家が、入り口を塞《ふさ》いでいた岩などを取り除いてみると、洞窟はかなり奥まで続いていることがわかった。本格的な調査が始まったのは、それから20年以上も後だったが、洞窟の入り口から300メートル以上も奥の暗闇のなかで、おどろくべきものが発見された。

　鍾乳洞の床から上に伸びた石柱を石筍《せきじゅん》というが、その石筍が約400個も切り出されて、床に重ねて並べてあったのだ。そして、その石筍で、輪状や小山状の構造物がつくられていたのである。大きい輪は約6・7メートル×4・5メートルだ。さらに、これらの構造物の上や周辺では、火が燃やされていたようで、焼けたクマの骨も発見されている。

これらの構造物がつくられた年代は非常に古く、およそ17万6000年前と推定された。当時のヨーロッパには、まだヒトは住んでいなかったので、これらの洞窟構造物をつくったのはネアンデルタール人と考えられている。

これらの構造物をつくるのは、かなりの重労働だったはずだ。継続的に火を燃やして明るくしながら、石筍を切り出して構造物をつくっていくのは大変だっただろう。しかも構造物の周りに石の割りくずがないことから、掃除もされているようだ。何らかの目的を持ってつくられたものであることはまちがいないが、その目的はわかっていない。

ネアンデルタール人によるこのような構造物の作製が、私たちヒトに先行していた可能性は高いが、それは壁画についても同様かもしれない。

世界で最古の壁画と言われるスペインのアルダレス洞窟やラ・パシエガ洞窟やマルトラビエソ洞窟の壁画は、約6万5000年前あるいはそれより前のものとされている。この時期にも、まだヒトはヨーロッパに住んでいなかったので、これらの壁画はネアンデルタール人によって描かれたものと考えられている。

また、非常に古い象徴的な表現としては、ゾウの骨に2組の平行線を引いたものがあり、これもネアンデルタール人の手になるものと考えられている。これは約35万年前のものとされているが、この時代には、そもそもヒトはまだ地球上に現れていない。そのため、平行線のような象徴的な表現に関しては、ヒトよりネアンデルタール人のほうが先行していることは確かだろう。

とはいえ、象徴的な表現については、ヒトやネアンデルタール人よりも古い人類が、すでに行っていた可能性がある。ジャワ島のトリニール遺跡で見つかった約50万年前の貝殻には、ジグザグ線が刻まれていたからだ。これはホモ・エレクトゥスが刻んだものと考えられるので、ヒトとネアンデルタール人の共通祖先もすでに象徴的な表現を作成していた可能性が高いだろう。

これらの事実を踏まえると、もしも宇宙人が何万年も昔に地球を訪れていたら、私たちヒトが文明を築くなんて、予想できなかったかもしれない。宇宙人が17万６０００年前に地球に来て、フランスのブルニケル洞窟にストーンサークルをつくるネアンデルタール人を見たら、将来文明を築くのはヒトではなくて、ネアンデルタール人だと考えたとしても不思議はないだろう。

また、50万年前にジャワ島に来て、貝殻にジグザグ線を刻むホモ・エレクトゥスを見たら、将来文明を築くのはホモ・エレクトゥスだと思ったかもしれない。そのころには、ヒトもネアンデルタール人もいなかったのだから。

実際、私たちヒトが文明を築いたのは、たまたまだったのかもしれない。ネアンデルタール人やホモ・エレクトゥスにも、文明を築く可能性はあったのかもしれない。しかし、それに対する反論もある。ある遺伝子が突然変異をすることによって、ヒトは特別な種になったという意見だ。つまり、やはり私たちヒトは特別だ、というのである。

約30万年前にヒトが出現してからずっと、ヒトは文明を築かなかった。しかし、あるとき（たとえば一万数千年前に）、特定の遺伝子に突然変異が起きて、ヒトは大きく変わった。そして、文明を築くようになったというのである。

それでは、こういう可能性があるかどうかを検討してみよう。

遺伝子の歴史からわかること

ヒトをヒトらしくした可能性のある遺伝子の一つに、*FOXP2*がある。*FOXP2*は、言語と関係していることが明らかになった最初の遺伝子で、*FOXP2*に突然変異が起きた人は、話したり文法を理解したりすることが困難になることが知られている。

このFOXP2遺伝子をもとにして、FOXP2タンパク質がつくられる（斜体のFOXP2は遺伝子を、立体のFOXP2はその遺伝子の情報を基につくられたタンパク質を表す）。ヒト以外のほとんどの哺乳類では、数千万年もの間、FOXP2タンパク質のアミノ酸配列は変化していない。ところがヒトのFOXP2タンパク質では、アミノ酸が2個も変化している。この変化が洗練された言語の誕生に、つまりヒトらしい行動の一端に、関係しているかもしれない。

ここで、遺伝子の伝わり方を、簡単な例で確認しておこう。次ページの図は、ある遺伝子が、無性生殖をする集団中を伝わっていくパターンを表している。各世代の個体数は6個体である。

さて、現在（7世代目）から時間を逆にさかのぼってみよう。任意の二つの遺伝子を選んで時間をさかのぼると、二つの系統は、かならずある時点で一つの祖先遺伝子へたどり着く。これを「合祖する」という。どの遺伝子を選ぶかによって、合祖するまでの世代数は変化する。

たとえば、遺伝子Aと遺伝子Bは、Dで合祖するのに4世代かかる。いっぽう、遺伝子Bと遺伝子Cは、わずか2世代遡るだけでEで合祖する。

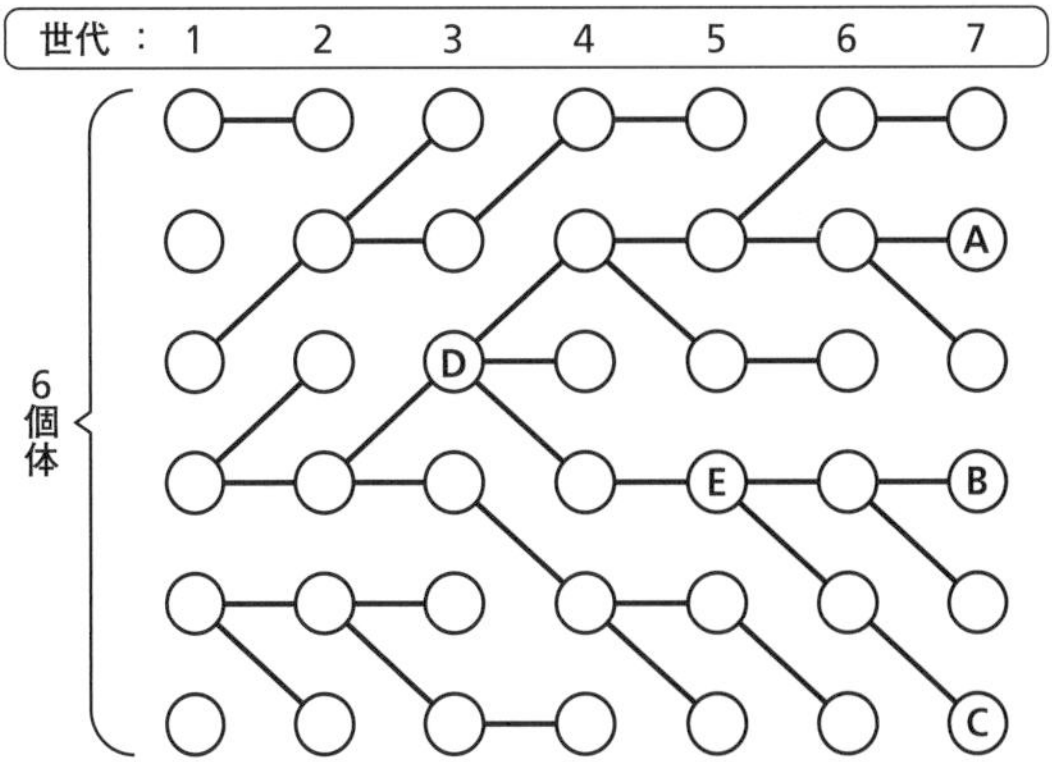

ある遺伝子が集団中を伝わっていくパターン

私たちは有性生殖をする生物なので、遺伝子の伝わり方が図とは少し違うけれど、「どの二つの遺伝子を選んでも、十分に時間を遡れば、かならず一つの祖先遺伝子に合祖する」という基本は、有性生殖でも無性生殖でも同じである。

合祖を考えるときに注意しなくてはならないことがある。それは、集団中のすべての個体に対する祖先遺伝子を持つ個体が、集団の起源とは限らないということだ。この図で考えれば、現在（7世代目）の集団中の、すべての個体の祖先遺伝子を持つ個体は、3世代目の遺伝子Dを持つ個体だ。でも、明らかに、この個体は集団の起源ではない。集団は3世代目よりも前から続いているからだ。

すべてのヒトのミトコンドリア（の遺伝子）は、

約16万年前にアフリカに住んでいた1人の女性に由来する。ヒトが現れたのは約30万年前だから、約16万年前はそれより後である。だから、その女性は、ヒトの起源ではないわけだ。

さらに、同じ理屈で、祖先遺伝子を持つ個体が、集団の起源より古いこともある。じつは、*FOXP2*遺伝子がその例で、１００万年以上前のアフリカに住んでいた1人の人類に由来することがわかっている。ヒトが現れたのは約30万年前だから、１００万年以上前はそれより古い。だから、その人類はヒトではなくて、別種の人類（ホモ・エレクトゥスかもしれない）ということになる。

少し不思議な気もするが、じつは、こういうことはよくある。なぜなら、ある種の起源となるのは、１人や２人の個体ではなく、何百人とか何千人とかの集団だからだ。そのため、集団が起源した段階で遺伝子が合祖していなくても、何の不思議もないのである。

ヒトらしい行動に関する矛盾

ヒトが現れたのは約30万年前なので、ヒトらしい行動が始まったのは、当然それより後だろう。しかし、30万年前より後に*FOXP2*に突然変異が起きて、その突然変異がヒトらしい行動を始めさせたのだとすれば、おかしなことになる。

だって、*FOXP2*がすべてのヒトに広がるのに１００万年ぐらいかかるとすれば、現在生きているすべてのヒトには、まだ広がりきっていないことになってしまう。つまり、ヒトらしい行動をしないヒトがいることになってしまう。

逆に、ヒトらしい行動を始めさせる*FOXP2*の突然変異が、現在生きているすべてのヒトに広がるためには、遅くとも１００万年以上前に、突然変異が起きなくてはならない。でも、これもおかしな話だ。だって、突然変異が起きてヒトらしい行動が生まれたのが１００万年以上前で、ヒトが現れたのが約30万年前、ということになってしまう。

ヒトが現れるずっと前から、ヒトらしい行動が存在していたなんて、おかしな話だ。

ある遺伝子の突然変異がヒト全体に広がるためには、数十万年かかることが普通である。ヒトが世代交替するには25年ぐらいかかるので、遺伝子もあまり速く広がることができないのだ。もちろん数十万年より短い時間で広がることもあるけれど、数百年ぐらいでヒト全体に広がることは、さすがに不可能だろう。

したがって、今から一万数千年前に、遺伝子に突然変異がおきたために、その時点で突然ヒトが変わったということは考えにくい。

ヒトの行動が一つあるいは少数の遺伝子によって決定されている、という話はじつに魅力的だ。つい飛びついてしまいたくなる。でも、そういう話には慎重になったほうがよい。皆無ではないかもしれないが、あったとしても非常に稀《まれ》な現象だろう。

つかの間のチャンス

では、ヒトらしい行動が進化した原因は何なのだろうか。一つの可能性としては、ヒトらしい行動に必要な遺伝子セットはずっと前から存在していて、ヒトらしい行動が進化した引き金は環境だった、ということが考えられる。

このところ地球は、およそ10万年周期で、寒冷な氷《ひょう》期と温暖な間氷《かんぴょう》期を繰り返している。一番最近の氷期は一万数千年前に終わり、現在の地球は間氷期に入っている。今回の間氷期は温暖なだけでなく、気候が非常に安定していることも特徴である。これまでの氷期はもちろん、たとえ間氷期であっても、気候はかなり不安定だったのだ。

安定した気候でなければ、農業を維持し発展させることは難しいし、農業が維持できなければ、生活に余裕がなく、好奇心や発明も起こりにくい。野生の霊長類より飼育下の霊長類のほうが好奇心に満ちているのは、生活に余裕があるためかもしれない。

そうであれば、私たちヒトが文明を築いて驚異的な種になった理由も、単に「一万数千年前まで生き残ったから」という可能性がある。環境が温暖になって安定するまで絶滅しなかったから、というわけだ。今回の間氷期は、文明を築くために逃してはいけない、つかの間のチャンスだったのかもしれない。

しかも、気候が安定すれば、農業は自然淘汰によって自動的に始まる可能性がある。

私たちは、野生に生えた植物の実や種子を食べることがある。そういうときは、なるべく大きな実や、たくさん集まった種子を探して採集するだろう。そのほうが少ない労力で多くの実や種子が食べられるからだ。

そういう実や種子を住処《すみか》まで運んできて食べるときには、実や種子が地面にこぼれることもあるだろう。そして、そこから生えてきた植物は、平均的な野生種よりも、少しだけ実が大きかったり、種子がたくさん付いていたりするはずだ。

なぜなら、そういう植物を選んで実や種子を採集してきたからだ。そうして生えてきた植物のなかから、さらに実が大きかったり種子がたくさん付いていたりするものを選んでいけば、ますますその傾向は強まっていくはずだ。

しかも、そうして生えてきた植物は、住処まで実や種子を運んでくる途中や住処の周辺に生えているので、採集に行くのも簡単である。そのため、とくに農業を始めようと意識しなくても、より実が大きく、より種子がたくさん付いている植物が、より住処の近くに生え始めることになる。そうすれば、わざわざ遠くまで野生種を採りに行く必要はない。近くに生えている、しかも食べるところが多い植物を収穫すればよいのだから。

ただし、これは、ヒトが定住していることが前提条件になる。もしもヒトが移動しながら暮らしていれば、こぼした種子から生えてきた植物が実を結ぶころには、もうヒトはそこにはいないだろうから。

ヒトが定住していれば、そのなかには農業らしきものが自然淘汰によって始まる地域もあっただろう。最初は偶然だったとしても、そのうちに意識的に植物を選ぶようになるかもしれない。また、環境が安定していれば、来年のことを予測できるし、種子などを蓄積することもできる。

未来を予測できれば、何年も先のために農業をすることができるし、文字などで知識を蓄積していけば、どんどん複雑な道具や社会をつくることもできる。最初は自然淘汰で始まったのかもしれないが、いったん軌道に乗れば、農業は大きく発展していくだろう。

劣ったほうが生き残る?

私たちが進化していくうえで、おそらく知性は(少なくとも状況によっては)適応的であった。いっぽう意識は、それ自体は非適応的な場合もあるかもしれないが、たぶん複雑な脳構造が生み出す知性が適応的であったために、最初はその副産物として生じた可能性がある。

ヒトが文明を生み出して驚異的な種になった直接のきっかけとしては、(もちろんさまざまな要因が絡んではいるだろうが)気候が安定化したことが重要である。気候が安定すれば、ヒトに食べられる植物の側に自然淘汰が働いて、作物に適した特徴を進化させ、農業が始まりやすくなると考えられる。

いっぽう、文明を生み出すことを可能にする遺伝的な基盤は、すでにそれ以前から存在していた可能性が高い。そうでなければ、気候が安定したからといって、農業などを速やかに始めることはできなかっただろう。

そして、その遺伝的基盤は、私たちだけでなく、ネアンデルタール人やホモ・エレクトゥスなどの他の人類にも存在していた可能性がある。そうであれば、もし一万数千年前まで生き残ったのが、私たちではなくネアンデルタール人やホモ・エレクトゥスであったなら、現在の地球にはネアンデルタール人やホモ・エレクトゥスの文明が築かれていたかもしれない。

もちろん、この辺りはまったくの想像である。たとえば、ある限られた状況では、意識がないほうが有利であることは実験で検証できるけれど、それを意識一般に広げてよいかどうかは、わからない。

さらに、一万数千年前まで生き残ったのが、私たちヒトではなくネアンデルタール人やホモ・エレクトゥスだった場合、彼らが文明を築けたかどうかは、そもそも検証することができない。

しかし、実際に起きた歴史的事実の他にも、もしかしたら別のシナリオがありえたかもしれないと想像することは、無意味ではないはずだ。また、生き残ったほうが優れていたとは限らない、と認めることも大切なはずだ。

ちょっとありえないかもしれないが、極端なケースを考えてみよう。なんだかんだ言っても、私たちヒトよりネアンデルタール人のほうが、脳が大きいのは事実である（ただし、反論もある。ネアンデルタール人の脳容量を測るために使った標本は男性が多いので、脳容量が大きめに見積もられたというのだ。平均的に考えれば、男性のほうが女性より体が大きいので、脳も大きい傾向があるのだ)。

　その場合、私たちよりもネアンデルタール人のほうが意識のレベルが高い可能性はないだろうか。ネアンデルタール人の意識のほうがクリアで、私たちの意識のほうが少しクリアでなかったかもしれない。

　そして、意識があることは、かならずしも適応的ではないことはすでに述べた。つまり、ネアンデルタール人の意識レベルが高ければ高いほど、ネアンデルタール人は生き延びるのが難しくなった可能性がある。意識レベルが高いほど、脳は多くのエネルギーを使わなくてはならないし、生き残るために必要な、血も涙もない行動を、躊躇《ためら》ったりするかもしれないからだ。

　いっぽう、もしも私たちヒトのほうが意識レベルが低ければ、生き延びやすかったかもしれない。意識レベルが低ければ、脳はエネルギーをあまり使わなくて済むし、生き残るために必要な血も涙もない行動を、躊躇わずに行えたかもしれないからだ。

　まあ、さすがにここまで極端なシナリオはないと思うけれど、何らかの意味で劣った者のほうが生き残ることはありえるだろう。

　複雑な脳は、知性と意識を生みだした。そして両者によって、私たちの行動は大きく影響を受けている。そうであれば、知性も意識も進化に大きく影響していることは確実だ。どうやら哲学的ゾンビは存在しなさそうである。

おわりに

スウェーデンの哲学者であるニック・ボストロム（１９７３〜）は、私たちが生物学的な実体であるよりも、コンピュータ・シミュレーションの一部である可能性が高いと主張する。その理由は、以下のようなものである。

遠い未来の人類が、非常に高度な文明を持つようになったとする。そこでは、コンピュータの発達が目覚ましく、現在よりも桁《けた》違いに多い、莫大な量の情報が処理されるようになるだろう。もしかしたら、そこには意識のある機械がたくさんあって、祖先の人生をシミュレートしているかもしれない。未来における情報量は莫大なので、そういうシミュレーションも大量に行われる可能性が高い。

私たちが、生物学的な実体として生まれてから死ぬまでには、食事をしたり成長したりしなければならない。つまり、物質的にもエネルギー的にも時間的にも、大量の資源が必要である。しかし、コンピュータ上でのシミュレーションはずっと手軽で、それよりはるかに少ない資源で行うことができる。

そのため、未来の世界は、意識のシミュレーションがあちこちで行われ、コンピュータの意識で溢《あふ》れかえっているかもしれない。そうであれば、過去から未来までに、この宇宙に存在したすべての意識のなかで、生物学的実体を伴った意識はほんの一部に過ぎず、ほとんどがシミュレーションのなかの意識ということになる。

したがって、今まさに意識を体験している個人（あなたや私）が、じつは生物学的実体ではなく、シミュレーションのなかにいる確率のほうが高いと考えるのが合理的だ。その考えを一歩進めれば、以下のような物語も、あながちありえないとは言えないだろう。

とある銀河系の片隅に惑星があった。その惑星には生命が誕生し、およそ40億年の進化を経て、ついに知的生命体が現れた。

その知的生命体は人類と呼ばれていた。人類は繁栄して数を増やし、多くの系統に枝分かれしたが、最終的には数種が生き残って、地球上で共存していた。それらの生き残った人類種のなかには、ヒトとかネアンデルタール人とか呼ばれる種も含まれていた。それらの知的能力には多少の違いはあったものの、大まかには似たり寄ったりであった。

そうこうしているうちに、人類はどんどん生息範囲を広げ、相対的に地球はどんどん狭くなっていった。地球が狭くなれば、何種もの人類が共存することは難しくなる。そして、偶然も重なって、とうとう人類は1種を残して絶滅してしまった。生き残った人類は、ネアンデルタール人であった。

ネアンデルタール人も、他の人類と同じように、農業の真似事はしていたものの、地球の気候が非常に不安定だったために、農業に発展することはなかった。しかし、一万数千年前になると、地球の気候が安定期に入った。ネアンデルタール人の農業の真似事も、安定した気候に後押しされて発展し、ついにはちゃんとした農業になった。定住し、都市をつくり、農作物の改良も行われ、どんどん食用に適した作物がつくられていったのである。

現在の地球上には、ネアンデルタール人の文明が築かれ、地球の環境もネアンデルタール人の影響を大きく受けるようになった。そして、ついにネアンデルタール人の科学は、自らの脳の仕組みにまで、探求の手を伸ばしていったのである。

ガラス瓶に培養液が満たされ、そのなかに脳が浮かんでいる。脳にはいくつかのチューブがつながり、培養液のなかを、酸素を供給する泡がユラユラと昇っていく。そして、その前では、ネアンデルタール人の研究者が二人で話をしている。

「とうとう人工的な脳に、意識を宿すことに成功したのね。おめでとう」

「うん、ありがとう。それにしても、脳というのは不思議なものだね。眼や耳がなくて、情報がまったく外から入ってこなくても、ちゃんと脳のなかに世界をつくってしまうのだから」

「でも、私たちが寝ているあいだに見る夢だって、そうでしょう？　別に不思議はないわ」

「まあ、そう言えば、そうだけどね」

「ところで、この脳は、今どんな世界をつくっているのかしら？」

「そうだね、ちょっと調べてみようか」

そういうと、研究者の一人がコンピュータの前に座って操作を始めた。そして、しばらくすると、もう一人の研究者のほうへ振り返った。

「今、この脳は、ヒトの人生を生きているところみたいだよ」

「ヒト？　ヒトって、あの脳の小さかった人類のこと？　学名は、ホモ・サピエンスだったかしら？　でも、もう絶滅してるわよね？」

「うん、絶滅してる。でも、絶滅してたって関係ないよ。脳のなかでは、どんな世界だって体験できるんだから。僕なんか、昨晩、恐竜になった夢を見たよ」

今、あなたは、『禁断の進化史』を読んでくださっている。本当にありがとうございます。でも、それが現実かどうか、実際のところはわかりません。あなたの人生は、ガラス瓶のなかに浮かんでいる、ネアンデルタール人の脳が見ている夢にすぎないかもしれないのです。もちろん、それは著者である私にも、本書をよい方向へ導いてくださったＮＨＫ出版の山北健司氏にも言えることですけれど。

２０２２年11月　　更科　功

校閲　高松完子
図版作成　手塚貴子
ＤＴＰ　佐藤裕久

更科 功 さらしな・いさお

1961年、東京都生まれ。東京大学教養学部基礎科学科卒業。
民間企業を経て大学に戻り、東京大学大学院理学系研究科
博士課程修了。博士(理学)。専門は分子古生物学。
現在、武蔵野美術大学教授、東京大学非常勤講師。
『化石の分子生物学——生命進化の謎を解く』(講談社現代新書)で、
第29回講談社科学出版賞を受賞。
著書に『絶滅の人類史——なぜ「私たち」が生き延びたのか』
『残酷な進化論——なぜ私たちは「不完全」なのか』(NHK出版新書)、
『ヒトはなぜ死ぬ運命にあるのか——生物の死 4つの仮説』(新潮選書)、
『若い読者に贈る美しい生物学講義——感動する生命のはなし』
(ダイヤモンド社)など。

NHK出版新書 689

禁断の進化史
人類は本当に「賢い」のか

2022年12月10日 第1刷発行

著者 更科 功 ©2022 Sarashina Isao
発行者 土井成紀
発行所 NHK出版
〒150-0042 東京都渋谷区宇田川町10-3
電話 (0570) 009-321(問い合わせ) (0570) 000-321(注文)
https://www.nhk-book.co.jp (ホームページ)

ブックデザイン albireo
印刷 壮光舎印刷・近代美術
製本 二葉製本

Printed in Japan ISBN978-4-14-088689-2 C0245

NHK出版新書好評既刊

お白洲から見る江戸時代
「身分の上下」はどう可視化されたか

尾脇秀和

お奉行様のお裁きの前になぜ出廷者の「座席決め」が問題となったのか？ 役人たちの苦労の背後に、幕府が守ろうとしていた「正義」を見出す快作！

678

考証 鎌倉殿をめぐる人びと

坂井孝一

大河ドラマ「鎌倉殿の13人」の時代考証者が、平安末期から鎌倉時代に活躍した人物の虚像と実像を徹底解説。人間関係や出来事の背景に迫る！

679

私の文学史
なぜ俺はこんな人間になったのか？

町田 康

現代文学の大立者・町田康が、影響を受けた文学や音楽・浪曲・落語など、自身の創作の裏側について、はじめて内面を「暴露」する文芸ファン待望の一冊。

681

メタバースビジネス覇権戦争

新 清士

プラットフォーム争奪戦を勝ち抜くのは、どの企業か?! VRビジネスを長年取材してきた著者が、GAFAMから日本企業までの動向を徹底解説！

682

オスとは何で、メスとは何か？
「性スペクトラム」という最前線

諸橋憲一郎

雌雄はじつは連続している？ 性は生涯変わり続ける？ 全ての細胞は独自に性を持っている!? 様々な生き物から解き明かす、常識が変わる生物学講義。

683

「気づき」のがん患者学
サバイバーに学ぶ治療と人生の選び方

古川雅子

現場を20年近く、１００人以上の患者を取材してきた著者が、最新治療を取り入れる際の考え方、仕事も人生も諦めない方法など、ヒントを伝える。

684